# 差异化优势
## 决定你的价值

黄志坚◎编著

民主与建设出版社

图书在版编目（CIP）数据

差异化优势决定你的价值 / 黄志坚编著 . -- 北京：

民主与建设出版社，2017.7

ISBN 978-7-5139-1599-1

Ⅰ.①差… Ⅱ.①黄… Ⅲ.①人生哲学－通俗读物

Ⅳ.① B821-49

中国版本图书馆 CIP 数据核字（2017）第 128703 号

# 差异化优势决定你的价值

CHAYIHUAYOUSHI JUEDING NI DE JIAZHI

| | | |
|---|---|---|
| 出 版 人 | 许久文 | |
| 编 著 | 黄志坚 | |
| 责任编辑 | 王 倩 | |
| 出版发行 | 民主与建设出版社有限责任公司 | |
| 电 话 | （010）59417747 59419778 | |
| 社 址 | 北京市海淀区西三环中路 10 号望海楼 E 座 7 层 | |
| 邮 编 | 100142 | |
| 印 刷 | 三河市天润建兴印务有限公司 | |
| 版 次 | 2017 年 10 月第 1 版 2017 年 10 月第 1 次印刷 | |
| 开 本 | 710 mm×1000 mm 1/16 | |
| 印 张 | 15.75 | |
| 字 数 | 203 千字 | |
| 书 号 | ISBN 978-7- 5139-1599-1 | |
| 定 价 | 36.80 元 | |

注：如有印、装质量问题，请与出版社联系。

# 你不需要努力去做别人

　　她长得不漂亮，没有背景，没有资金，唯一的长处就是有副好嗓子，梦想着当歌星。

　　那时候，台湾歌手苏芮风靡一时，几乎所有的人都喜欢苏芮，她也不例外。一个偶然的机会，一家小唱片公司的制作人相中了她。随后他们发现：这小姑娘最擅长模仿的是当时风靡一时的台湾歌后苏芮，尤其是那首经典的《酒干倘卖无》。

　　苏芮唱得好，她也唱得好。唱片公司有意将她塑造成第二个苏芮，让她模仿苏芮的唱腔。两个月后，一张包装成苏芮外形、实名为"苏丙"的唱片面世了。当时的产权保护意识还没有如今这样强，歌迷们只顾埋头听歌。到后来，"苏芮"的专辑越出越多。她很用心地唱，但遗憾的是，无论电影公司和她本人怎样努力，听众都不认可。出了几张专辑，她非但没有像苏芮一样大红大紫，还因为唱歌带着些许东北味，被人屡屡调侃。

　　她反思，一遍一遍地对比自己和苏芮唱的歌，想搞清楚自己和苏芮的差距，却毫无收获。突然有一天，她恍然大悟：我本身就不是苏芮，怎么可能学得像呢？就算学得像，那也不是自己，只是苏芮的影子啊！

　　也许，不需要模仿别人只需要勇敢地做生命中最真实的自己，才是真正的出路！她必须颠覆苏芮的形象，苏芮是苏芮，她是她！苏芮的唱腔高昂，而她的优势在中音区，还略带沙哑，于是，她针对自己嗓音的特点开始刻苦练习。

在这个纸醉金迷的娱乐圈摸爬滚打多年，她一直摆正自己的位置，率直谦逊且坦诚。她拜作曲家谷建芬老师为师，陆续出了《雾里看花》《白天不懂夜的黑》《山不转水转》《征服》《心酸的浪漫》《我不是天使》等专辑，其中收录的歌更是为大家所耳熟能详。她跃居内地一线明星，被誉为内地流行音乐界的大姐大，获奖无数。

她终于像苏芮一样，成为华人音乐的骄傲。她就是大名鼎鼎的那英！她的经历告诉我们：人，不必模仿别人的成功，你只要做最真正的自己，相信终有一天你就会赢得成功。

如果你正在经受折磨，如果你正在时运不济，那只是说明命运的安排选中了我们要承受坎坷，所以在这个时候我们完全不必灰心丧气，一定不要盲目地跟随大众的潮流，而是要努力地找出一条适合自己的道路。因为在这个世界上只有适合自己的才是最好的，成功永远只青睐不走寻常路的人。

中国人向来喜欢"复制"别人的成功经验，但世界上没有完全相同的两片树叶，也没有完全相同的两个人。天下找不到两片相同的树叶，也没有一个人与另一个人完全相同，每个人都是独一无二的。你就是你，与众不同的你，没有必要去和谐别人的旋律。你没有必要仰视别人的"优秀"，更不需贬低自己的"不足"。你既不卑微，也不优越。一味地模仿人，一味地跟随大众的目光，那么你只会越来越迷失自己。一个人倘若胸怀大志、渴望做出一番优秀的业绩，那么就要懂得做独特、最与众不同的自己，请不要在意别人的目光与想法，走自己的路让别人去说吧！

成功是每个人梦寐以求的。没有人甘愿做平庸的人，都想与众不同，想出类拔萃，接受别人仰视的目光。但很多人活得没有自己的特点，别人说什么专业好，他们就想方设法，有时是削尖脑袋挤进这个专业去；别人说干什么好赚钱，他们也干这行；别人说成功在于努力，他们也盲目地加班白忙活。人云亦云，不知道自己在做什么、想做什么、为什么要做。还有的人在三十岁以后甚至更早就放任自己，得过且过了。

我们常常将成功者成功的原因总结为勤奋、踏实、精益求精、努力学习、注重细节等，当然，拥有这些特质的确可以让人成功，能够让人胜任岗位并且干得不错，但却不能让人出众，让人不同凡响。

真正的大人物，都是那些坚持走自己的路，努力做自己想做的事情，而不会在意外界荣辱得失的人，也不会在意别人是否理解自己。他们永远只做最真实的自己，永远只会以真面目、真性情来面对大众。他们永远不会盲目地听从别人的意见与想法，不会盲目地跟随潮流，而是遵从自己内心的想法，明确自己的真正志趣所在，然后以一种不达目的誓不罢休的精神去为之奋斗。当然，在面对失败的处境时，他们并不会像很多人那样选择退缩或者另谋他路，而是以自己的智慧与微笑迎接悲惨的遭遇。所以，很多时候，成功往往会降临在这些少数派身上。

总而言之，我们要懂得做最真实的自己，像但丁一样走自己的路，发挥自己的优势，体现出自己的价值。

# 没有人甘于平庸，只是极少人敢于突破

平凡是生命常态。毕竟没有几个人能当爱因斯坦。所以，平凡并不可耻，但不能平庸。机遇面前人人平等，看你是否去寻找，在平凡的事情中做出不平凡的成绩来。所有不平凡的业绩都出于平凡，如果你想出众，就把每件平凡的事情都做得不平凡。一位哲人曾经说过："我们在人生的道路上，假如敢于向高难度的工作挑战，便能够突破自己的人生局面。"生命是自己的，想让自己的生命变得积极向上，就要勇敢地挑起生命中的大梁。

## 放下面子，敢做常人不愿意做的事

在我们周围，我们常听到这样的感叹：

"真可惜啊，一个成功的大好机会与我失之交臂。如果当初我勇敢一点儿就好了。"

"唉，谁成想，现在这么一个热门的行业，当初人们却不屑一顾，没有人愿意去做。"

不错，正如上述谈话一样，许多事实告诉我们，局限于自己所看到的和所听到的却没有勇气去尝试，这就是许多人与成功失之交臂的原因。不断突破自己，敢于做别人不愿意做的事，才是获得成功的关键。

"如果学习不刻苦，不如回家卖红薯"，大学生，即使在今天，依然被称为"天之骄子"，是家人的骄傲。在人们眼中，大学生将来的工作一定是光鲜的，"卖红薯"与之是风马牛不相及的。然而，却有一名大学生真的把卖红薯当成了自己的事业，而且还获得了成功。

这名大学生叫李铿锵，来自邵阳农村。他家境贫困，考上中南林业科技大学国贸专业后，学费成了一家人最头痛的问题。为了挣学费，李铿锵大学期间摆过地摊，收过废品。2009年，李铿锵面临就业的选择，从当年的9月到11月，他一直在投简历、找工作，但回音很少，李铿锵感受到了巨大的就业压力。

卖烤红薯，这个商机是李铿锵在北京游玩时偶然发现的，之后他又在观察了北京一家卖烤红薯机器的企业后，买回了机器。他没向家里伸手，用自己打工存的两万元在母校卖起了烤红薯，当起了老板。店面租金加上机器费用，他一共投入1.5万元。他的品牌叫"博士地瓜"，目标人群是在校大学生。他的生意很好，有时一个月销售额达到1万多元，而且在长沙民政学院、湖南理工大学、中南大学等学校周围开了10家连锁店，其中有自己的，也有那些找不到工作、家里条件较差的同学加盟的。

随着李铿锵的名声鹊起，网友亲切地称他为"红薯哥"。但是李铿锵在刚开始卖烤红薯时还是有些不好意思的，每天都是遮遮掩掩，生怕被熟人看到，更不敢告诉家里人，怕家里人笑话，说自己没本事、丢脸。

"对自己来说，其实卖的不是烤红薯，而是一份生存的勇气。"李铿锵这样评价自己和自己的事业。

当然，"红薯哥"并非个例，随着人们就业观的改变，许多的"天之骄子"选择了当初人们不愿意做的行业进行创业，并获得了成功，"水果博士""煎饼妹"等称呼也越来越为人们所熟悉。

自古以来，一个敢于做大事的人要有这样的魄力：敢做常人不敢做的事情。为什么有些事情常人不愿意去做，归根结底，就是面子问题。在人们眼中，开着奔驰宝马，坐在开有空调的办公室里，进出高档写字楼才是有面子的，才是成功的，才是自己想要的；那些路边摆摊的，从事着脏活、累活的人们总会让人看不起，那样的工作很少有人愿意去做。

事实上，面子是成功路上的第一道障碍，那些聪明的人从来不会因为过分爱面子而失去成功的机遇。把自己看得太重的人，是很难成就大事的。要干大事，要想获得成功，就不能把面子看得太重。回首一下，看看我国那些改革开放的第一代致富者、成功人士，你就会发现，有一大部分富豪都是从"破烂王"和"臭皮匠"干起而发家致富的，敢做"破烂王"、敢做"臭皮匠"的人，本身就具有与常人不一般的人生观、价值观，从而也取得了常人不能取得的成就。

还有，我们一定要明白，面子是靠什么支撑的。如果一个人连温饱问题都解决不了，那么面子对他来说又有什么用？他的面子是否还存在？实际上，只要不违法，无论是卖烤红薯，还是卖煎饼、卖水果，只要能够解决温饱，能够发家致富，能够让自己在社会上有一席之地，一切都不丢人。

说到底，面子其实也是人们观念的问题，只要自己正规经营，勤奋努力，没有什么值得多虑的，在创业理想面前，面子是极其渺小的，没有必要被其牵绊。如果你想取得成功，做出一番事业，在行动之前一定要先在心里问一问自己，对待面子问题，你有没有一种宠辱不惊的"定力"。要知道有些时候，顾及面子最后可能会导致诸事无成。很多海归人士、政府官员和受过良好教育的人员，其创业成功的概率很低，原因就在于他们太好面子。

俗话说："死要面子活受罪。"你若是不想活受罪，就做一个务实的实践者，要放下思想包袱，拿出干大事不怕丢脸的勇气来，全力以赴来做事。只要你有目标，立场坚定，就能走向创业的成功大道。

## 别让磨刀误了砍柴工，早日扬帆启航

如今，电脑已经走进了千家万户，美国微软公司的操作系统更为人们所熟知。我们在使用过程中，总是会被提示系统有漏洞，请及时更新等信息。有人曾表示不解：为什么不将产品开发得尽善尽美，再生产上市呢？对方回复说：因为世上没有十全十美的东西，如果总想把产品开发得更完善一点，那么就会被对手抢占商机。况且只有经过市场检验的产品，才更清楚缺陷，方能更好地查漏补缺。这样做，既满足了顾客需求，又完善了产品，抢占了市场，可谓一石三鸟。后来，微软的营销模式也被很多公司所采用。

做事讲究周密、稳妥本无可厚非，但是如果过分稳妥就成了坏事。畏首畏尾，唯恐一失足成千古恨，纵使千条妙计挂嘴上，万个良方藏胸中，但如果不敢付诸行动，一切都是白说。很多伟大的发明创造并非苦思冥想的成果，而是灵感一闪，瞬息之间的捕捉和把握。

每个人都想成功，为什么有些人总是错过早日成功的机会？原因是我们总是想做好充足的准备，结果把行动拖延了。"先做好充足的准备"，是个专偷行动的"贼"，它在偷窃你的行动时，常常给你准备好各种各样的理由——你的刀太钝了，需要磨好才能砍柴；你的想法还不成熟，需要再深思熟虑；你的启动资金不充分，最好再多筹集一些……它让你的思想行动总是停留在准备阶段，而没有真正实行一步。这个"贼"在偷走了你的行动的同时，也偷走了你的希望，你的时间，你的成功。

如果迎春花一定要等到阳光明媚再开放，就会误了占尽春天的天时；如果一定要等到市场风险最低了才行动，就会让别的竞争对手抢占市场。一个人，如果什么事都只等万事俱备才行动，那么他终将一事无成。机不可失，时不再来。千万不要等到花儿谢了，才想起品味花的芬芳。也不要效仿那个刻舟求剑的愚人，更不能苛求"一切可以重来"。

行动就是一匹良马，虽然未经驯养，但它本身就有力量。就像貂禅不必等到妆容化好后才出来示人，即使没化妆，平常女子也要逊色她三分；机会本身就是一把刀，虽然卤莽粗糙，未经打磨，但它本身就有锋芒。

有个年轻人从上大学起就想自己创业，但他认为，一定要有十足把握才能去做。毕业后，他托关系进了一家国企工作。起初，他很有积极性，但是三年后，他开始烦躁，每年每月每天做着重复的工作让他难以忍受，再加上复杂的人际关系和微薄的薪水，他越来越想辞职，自己创业了。一天，他突然想到，自己可以做茶叶的生意。因为他的家乡很多人在做茶叶生意，他自己也掌握了许多茶叶商所应具备的专业知识，这是他自小耳濡目染的结果。他还认识不少贸易商，他们对这一行中许多细节的了解不见得比他多。

但是，一个又一个三年过去了，直到今天他依然老老实实地在国企上班。为什么呢？因为他每次准备放手一搏时，总有一些意外事件使他停止。比如，国家政策改变，经济不景气，孩子出生，老人生病以及林林总总的借口，这些都是他一直拖延的理由。其实是他自己把自己变成一个"被动的人"，他想等有十足的把握再动手。但是现实与理想之间的差别是不会改变的，因此，他的创业理想也就一直拖下去了。

别让磨刀误了砍柴工，现在就立即行动。立即行动，是做成任何事情的关键一步。立即行动，才能使你拥有理想中的工作和生活。不愿付诸行动的人干不成任何事，立即行动会产生巨大的分别。即使最初有困难，存在问题，但是只要行动起来，一切问题和困难都可以慢慢得到解决。

在任何一个领域里，不努力去行动的人，都不会获得成功。就连凶猛的老虎要想捕捉一只弱小的兔子，也必须全力以赴地去行动，不行动、不努力就捕捉不到兔子。"说一尺不如行一丈。"任何希望、任何计划最终必然要落实到行动上。只有行动才能缩短自己与目标之间的距离，只有行动才能把理想变为现实。做好每件事，既要心动，更要行动。只会感动羡慕，不去流汗行动，成功就是一句空话。哲人说得好："想得好是聪明，计划得好是更聪明，做得好是最聪明。"

不积极行动，就永远等不到成功；守株待兔，只能浪费一个又一个良机！不要在行动开始前就琢磨成功概率有多大？如果失败了会怎样？而应该想想，如果不行动，那么连成功的概率都没有！

一般来说，人可以分为两类——积极行动的人和消极等待的人。积极行动的人都是将想法付诸行动的人，不管是点滴小事还是宏伟目标，他都真的去做，直到做完为止。相反，消极等待的人，都是"空想家"，他们寻找各种各样的借口，拖延逃避。直到最后证明这件事"不应该去做"或"已经来不及了"为止。消极等待的人往往只能成为平庸的人。

只有勇于开始、善于行动，又能坚持不懈，才能尝到成功花朵的芬芳与胜利果实的甘美。只有做到立即行动，生活才能轻松潇洒，对困难才能举重若轻，有问题方可应对自如。做任何事情，若是要等所有条件都具备以后才去做，就只能永远等待下去了。

所以，有志于做成功者的人，不必任何事情都等到"万事俱备"，因为你恐怕一辈子都等不到"东风"的到来。与其等到老了再后悔，不如现在就用一腔热血去打拼。

## 你平庸，因为你甘于平庸

"只有你心中有了渴望，你才能学会奔跑。"

这是电影《无极》中的一句话，我们且不去评论电影的内容，单就这句话而言，就哲理味道十足。事实也如此，纵观世界上的所有杰出的人士，都是因为一直朝着自己的梦想奔跑，才最终跑到了目的地的。

阿诺德·施瓦辛格，这原本是个不易记住的名字，但今天却被全世界的人们所熟知。他是"20世纪最伟大的健美运动员"，是动作电影的代名词，是成功与财富的象征，还是耀眼的政治明星。作为一个移民，阿诺德·施瓦辛格实现了自己的"美国梦想"，成为了一个神话。于是，许多人开始探寻他为什么能够成功，是性格，还是出身，还是其他。对于这个问题，还是他自己最有发言权。他在1973年出版的自传小说《阿诺德，一个健美运动员的成长》中写到："我知道我是一个赢者，我知道我一定要做伟大的事情。"

施瓦辛格出生在奥地利的一个普通家庭，幼年时就有三个梦想：世界上最强壮的人、电影明星和成功的商人。为了实现第一个梦想，他每周训练7天，每天6个小时，最终获得一届国际先生、五届环球先生与七届奥林匹亚先生的荣誉，这在健美界可以说是奇迹。

但是，施瓦辛格有着更大的想法："我总是在强烈地受到表演艺术的吸引，我喜欢表演，喜欢发挥自己。我在观众面前表现得越多，对自己的期望值也越高，就越能从观众的掌声中得出结论，我的事业应该是表演。"

凭着这百折不挠的意志，施瓦辛格最终完成了从健美运动员到演员的身份转换。他主演的动作片几乎部部叫座，尤其是扮演的终结者形象也成为好莱坞的经典形象之一，而他的名字更是成为了动作片的代名词。

我能成为施瓦辛格那样的人吗？我甘于平庸吗？事实上，我们都很普通，大多和他一样有着普通的家庭。人，没有办法选择自己的出身，生长在一个极其平凡、普通的环境中，也是无可避免的，但是我们可以拒绝平庸，勇敢地追求自己的梦想，在人生之路上挥洒自己的豪情，这样你一定会拥有一个辉煌的人生，一定能像施瓦辛格一样有所成就。

也许现在我们还默默无闻，也许现在我们还暗淡无光，但是如果我们不甘于平庸，努力改变自己，那么若干年后，你就会成为世界上最杰出的音乐家，成为世界上最伟大的绘画大师，成为世界上最优秀的建筑师。最重要的是，你千万不要认为"世界上最……"的字眼与你无关，如果你这样认为了，那么你的一生注定是平凡的，而只有认为这些字眼一定会和自己联系在一起的时候，才有机会成为"世界上最……"的人。

阿里巴巴创始人马云说过这样的一段话："2001年的时候，我又犯了一个错误，我告诉我的18位共同创业的同仁，他们只能做小组经理，而所有的副总裁都得从外面聘请。现在十年过去了，我从外面聘请的人才都走了，而我之前曾怀疑过其能力的人都成了副总裁或董事。他们现在都非常出色，因为他们相信自己的能力。"

当今社会中，到处都充满了竞争，充满了挑战。一个人若想在社会中占有一席之地，获得成功，就必须有奋斗的精神。一个人，也只有不甘于平庸，充分发挥自己的能力，才能实现自己的价值。

在不甘平庸、努力进取的过程中，总是会伴随着冒险的。有些人因为害怕受到挫折就甘于平庸，不求进取，却不知道甘于平庸实际上就是挫折，而且还是最可怕的挫折。

实际上，不甘于平庸，积极进取，也并不总会带来失败和挫折。相反，不甘于平庸常常是与收获结伴而行的。有想法才有行动，有行动才能够成功，要想有卓越的成就一定不能甘于平庸。不甘平庸不仅与风险联系在一起，它的另一端还连着机遇，只有不甘于平庸，敢于冒风险，才能把握机遇，获得成功。"幸运总爱光临勇敢拼搏的人"，不甘于平庸所表现出来的正是一种勇气和精神。不甘平庸的人不会沮丧，永远充满朝气，工作起来劲头十足。

海燕拒绝平庸，不安享温暖的小屋，而在暴风雨中拼搏；雄鹰拒绝平庸，不栖息于安全的枝头，而在蔚蓝的天空中自由飞翔；梅花拒绝平庸，不祈求阳光的呵护，在寒冷的冬天悄然绽放。正是有了这些生灵拒绝平庸的精神，才会创造出一个又一个生命奇迹，构成了我们丰富多彩的世界。

千万不能放弃对成功的渴望，不能放弃对"最……"的追求，千万不要甘于平庸，否则你永远只能平庸下去。

## 平庸者的思维模式

斯坦福大学社会心理学教授卡罗尔·德维克博士在《思维模式》这本书中说："从人的认知层面，分析出成功者与平庸者最大的区别，在于成功者通常具有积极的成长型思维模式。而思维模式的转换，可以从根本上改变一个人成功的可能。大家想想自己周围的朋友、同学和同事，看大部分人是否可以归于以下两个类别。一类人，惧怕犯错，不愿接受挑战，认为人的能力与生俱来，努力不会有大的提高。另一类人，相信努力和挫折可以不断提高自身能力，每次挑战都是让自己变得更强大的机会。"

前段时间，一则不大的新闻却引起了社会的广泛关注与强烈反响。"五一劳动节"期间，央视记者来到街头随机采访各个行业的劳动者的梦想。当问到一名

23 岁的定位工刘武豪时，这位 90 后小伙说："梦想就是，特别大，就是，想做个国家领导人！"

"90 后工人称想当国家领导人"，许多人听后不禁哈哈大笑，这个家伙的脑袋是进水了吗？还是被驴踢了？"国家领导人"，哪一个不是人中龙凤，岂是你这样无名之辈能当的？真是癞蛤蟆想吃天鹅肉！

"不想当将军的兵不是好兵。"拿破仑的这句话至今仍被人们传诵。人们认可它，欣赏它，但是到了刘武豪这里，怎么就成了笑话呢？追其根本，就是一种平庸者的思维模式在作怪。而也正是这种思维模式的存在，才使得许多人变得平平庸庸，碌碌无为，荒度一生。

人的一生，非常短暂。对于短暂的一生，每个人都想用一辈子的时间做两辈子的事情，活出三辈子的精彩，都想做出一番轰轰烈烈的大事。但是每当要付诸行动的时候，你有可能在想：我现在是如此普通的一个人，我的能力这么差，我的基础是这么弱，我的……我无论如何也是不能成功的。

"因为我现在的状况很不好，所以不能成功"，这就是平庸者的思维模式。在这种思维模式的影响下，他开始失去理想，开始满足现状，开始不思进取，于是他不再努力，不再付出，于是，他的生活还和现在一样，他的一生都处于平庸之中，他的梦想离他越来越远。

如果你仔细观察，就会发现我们周围许多人都有这种思想。遇到一点事情，他们总是习惯说"这事我干不了""这事太难干了""我能力不够""我素质偏低""我的条件不好"等等，以此加以拒绝，于是在工作中就形成了一种"大事干不了，小事不想干，难事躲着干"的平庸状态。久而久之，就会养成一种"多一事不如少一事""当一天和尚撞一天钟"敷衍了事、得过且过的"混日子"思想，丧失干出一番成就的梦想。这样下去，连基本的工作都将很难胜任，更如何去谈实现梦想。

现状并不乐观是一种客观存在，是一个不能改变的事实，但是只要我们不丧失对梦想的追求，有做好事情的决心和信心，即使遇到能力难及的事情，也可以想尽办法，克服困难，完成任务，最终实现梦想。一句话，不能让自己在所谓的不乐观的现状上甘于平庸。

许多杰出的人物，都是从小就十分出色，为什么呢？因为他们想法与平常人不同，他们的思维模式不同于平庸者。那些杰出的人物，自始至终都认为自己是最棒的，自己是最出色的，自己一定能成为杰出人物。所以不管现状如何，他们都努力工作，付出心血，从而使工作做得更出色，因此最终也实现了梦想。

看看我们身边，那些课堂上害怕问愚蠢问题的同学，公司里按部就班但绝非投入的同事，很可能属于第一类，都有沦为平庸之人的可能。而企业家、创业家以及杰出的人士，无疑是第二类人群的代表。

潘石屹是当代著名的地产大腕，你羡慕他现在所取得的成就的时候，可曾想到他创业初期的状况。他出生在甘肃省的一个小村子里，家庭条件并不是很好，但他却不甘于现状，有自己的梦想。他说："我小的时候，记忆最深刻的就是吃不饱饭，饥饿。其他东西还可以承受，就是这个饥饿是没办法承受的。这点影响了我的世界观……我觉得钱对人还是很重要的。因为出生在农村，从小就缺吃少穿的，加上我妈妈常年瘫痪。我对财富的追求，也许这也算是很大的一个动力吧！"

怀着改变生活的现状，1987 年，潘石屹变卖了自己所有的家当，毅然辞职，揣着 80 元钱来到广东，开始了创业生涯。一个机关的小干部下海，各方面的阻力和困难可想而知，但是他还是靠着自己的努力，先后在深圳和海南开创自己的房地产开发事业，后又与人合作共同创建了北京万通实业股份有限公司，再创立 SOHO 中国有限公司，最终从一个农民的儿子干到了现在的房地产的领袖人物，一步步地获得了成功，成就了梦想。

有的人不甘平庸，努力进取想成就一番伟业。伟业之所以称为伟业，是因为它不易成功，总是会有一些风险伴随。有些人因为害怕受到挫折，害怕风险就甘于平庸，满足于现状，不求进取，却不知道甘于平庸，满足于现状实际上才是最可怕的挫折。

在当今社会中，到处都充满了竞争，充满了挑战。一个人不要说想获得成功，就是想要立足于社会，也必须拒绝平庸。如果有梦想，就更不能因为现状不好等原因而放弃。改变平庸的思维模式，不要随波逐流，坚持自己的梦想，你必然会获得成功。

## 平凡是必然的，但是平庸却是可以舍弃的

杜鲁门是美国第 33 任总统，在他当选总统后不久，有一位客人拜访了他的母亲。

这位客人开口便说："您的儿子成为了总统，您一定感到十分骄傲吧。"

杜鲁门的母亲说："不错的。不过，我的另一个儿子也同样使我感到自豪，你看，他现在正在地里刨土豆。"

我们不能不赞叹杜鲁门母亲的伟大。事实上也正是如此，山有山的风景，水有水的风光，只要赏心悦目，都值得游赏。人也是这样，只要不平庸，平凡和伟大一样令人自豪。

那么，对于我们而言，到底什么是平凡，什么是平庸呢？实际上，平凡与平庸，是生活的两种状态。平凡的人，如同机器上的一颗螺丝钉，虽然不是其中的关键零件，但却是不可缺少的；而平庸，对周边的人来说，可有可无，如同河蚌里拒

绝成为珍珠的沙子，自甘埋没。我们可以平凡，但一定要拒绝平庸，舍弃平庸。

1872年，在英国，有一个学医的大学生毕业了，如同现在我国的大学毕业生一样，他也在为自己的就业问题烦恼：像自己这样学医学专业的人，一年有好几千，残酷的择业竞争，我该如何脱颖而出呢？

也如同当今我国的就业形势一样，进入到一个好的医院就像千军万马过独木桥，难上加难。这个年轻人也没有如愿被当时著名的医院所录用，他来到了一家效益并不好的医院。但是这些并没有阻止他成为一位著名的医生，他还创立了后来驰名世界的约翰·霍普金斯医学院。

这个年轻人就是威廉·奥斯拉。当他被牛津大学聘为医学教授时，他说："其实我很平凡，但我总是脚踏实地在干。从一个小医生开始我就把医学当成了我毕生的事业。"

有了把医学当成了毕生的事业这种信念，威廉·奥斯拉才取得了如此大的成就，没有成为平庸之人。可以说，一个人平庸的原因只会是他的心态。这就如同在一场比赛中，没有人认为跑在最后的那个人是平庸的，因为他也在奔跑，他有自己的目标，并一直努力着。即使跑在了最后，他也是成功的。而一个连上场跑一跑的勇气都没有的人，一个以消极心态面对平凡的人，才是一个真正的平庸者。其悲哀是他将永远不会被世人看重，而自己也终将一事无成。

在这个世界上，绝大多数的人终生都奔跑在从现实赶往梦想的道路上，他们可能到死那一天也没有实现自己的理想，但奔跑的过程本身就是一种伟大，追求梦想的过程就值得钦佩。人生的意义就是在于在追求理想的路上，享受生命，享受平凡。

对于我们大多数人来说，无论是实现理想，还是生活，都需要去工作。工作是生活不能缺少的条件，是人生重要的组成部分。那么，如何才能让我们的工作不平凡呢？是这个人的学历还是这个人的工作经验？其实是人对工作的态度。任何一家想长远发展、做大做强的公司，都会有一种竞争的机制，不会让那些碌碌无为的庸人长期厮混于此。人的能力有大小，只要你努力工作，每个公司都会为那些平凡而努力的人提供机会。可是，现在许多人都认为工作是在为老板打工，为了完成工作而工作，为了完成任务而工作，马马虎虎，敷衍了事。这样一步步消极地应付下去，总有一天你会惊奇地发现，自己看似也摸爬滚打多年，但最终仍然一事无成，庸庸碌碌，这样岂不是非常可惜。

而假如我们把自己想象成一个建筑师，现在是要建造你自己的房子，而工作中的每一件事，发生的每一个细节，都是你建造"房子"的其中一项工作，你是不是就会换一个心态呢？你一定会格外用心，格外精益求精，让你的"房子"成为精品。能够建造出精品房屋的人，他的一生肯定不会是平庸的。

在工作中，每个人都有不同的分工，有些人负责一些比较重要且引人瞩目的工作，也有一些人负责的是常被人们忽视的琐事。假如你正好负责那些不受到重视的琐事，你或许很容易就感到沮丧，让自己失去斗志，渐渐陷入平庸。

皮尔·卡丹曾说："真正的装扮就在于你的内在美。越是不引人瞩目的地方越是要注意，这才是懂得装扮的人。因为只有美丽而贴身的内衣，才能将外表的华丽装扮更好地表现出来。"皮尔·卡丹的装扮理论用在工作上同样富有哲理，越是不显眼的地方越要好好地表现，这才是成功的关键，是从平庸到卓越的跨越。

当今时代，最需要的是有追求的平凡人。他们热爱一切美好的事物，不以平凡而不为，不以普通而懈怠，在平凡的日子里始终保持着对生活、理想的追求，保持着对家人的满腔热忱，保持着对社会的强烈责任感，在坚守平凡中超越平凡，创造着属于自己的美好生活。

# 没有"虎"性，做不了领导

有一家私人企业，老板姓王，该老板为人非常强势，"虎"性十足，员工没有一个不说他"独断专行"的。他从来听不进去别人的建议，只要自己想好决定要去做的，别人无论怎么劝说也是无济于事的。不过，厂里的员工却对他们的老板总是十分敬佩，认为他精明强干，有主见，都愿意在他的手下工作。

还有一家私人企业，老板姓张，该老板为人和气，对人宽厚，在公司里很讲民主，领导都很平民化，下属经常可以不买上级的帐。公司和会议非常多，在会上，大家讲道理、论对错，无论大事还是小事都要商量着办。老板人情味很浓，非常关心员工工作，事情做不到办不好也不会被追究，解释一下也就过去了，工作问题经常碍于面子点到为止。结果这家公司仅维持了一年的光景就倒闭了。

身为领导，必须要有"虎"性，不能做老好人，不能软绵绵的、什么都好说。如果谈到某领导，总有人反应说他性格太温和、工作还不够大胆、魄力不够等等，那么应尽早将此人调离领导岗位。要知道，没有"虎"性的人是不适合当领导的。领导在关键时刻要最能体现其作用：唱戏要叫得起板来，赶车要叫得起套来，打夯要叫起号来。

为什么"虎"性领导最受下属追捧呢？

第一，对当今社会而言，大多数人都是缺乏安全感的，即使在工作的过程中，人们也始终在寻找安全感。工作中的安全感来自哪里呢？高薪、高职位，也许是的，但这些都莫过于跟随一个有"虎"性、有魄力、能给员工创造前途的老板。所以，"虎"性老板很对员工胃口，他们作风的雷厉风行，他们的目标坚定，他们对人有着强大的影响力，他们能够高超地解决遇到的问题，他们在公众面前潇洒自如，这一切都给员工积极而强大的暗示：我无所不能，跟着我就对了！我会给你们所要的一切的。

第二，中国人基本上都是受保姆式的教育长大的，很多人即便都成年了，但心理仍然不成熟，他们需要一个比自己更厉害的依靠。每名员工都在寻找一个神人，这个人可以帮他们走出困境，带给他们精神和物质上的安宁。那些很有主见，目标坚定，不易妥协，业务能力强的老板很容易成为员工心理的依靠。于是，"虎"性领导就成了他们欢迎的对象。

试想一下，你的领导经常要和你商量，经常要你出谋划策，最初你会觉得他很亲民，渐渐地你就会觉得他能力不行，你比他还要有能力。再过一段时间你就会觉得他靠不住了，亲民的印象很容易变成无能的印象，于是你开始考虑：是自己取代他呢，还是要离开他另谋高就呢？

在中国人眼里，领导的地位是神圣的，他知道很多大家不知道的，可以做到很多大家做不到的，如果一旦到了和你商量的地步问题就来了，你必然会对他的能力产生怀疑，他的地位在你心中也将下降，他的命令你也将"打折扣"执行。

现在的老板里面有一群"民主派"，他们为人谦和，喜欢民主，喜欢和大家商量着办事，这类企业的收入情况大都不理想，它们的特点是不容易彻底死掉，但更不容易发展。而在那些大企业，特别是在资产过亿的企业中，大多数领导都是"虎"性的，他们目标坚定，有着强大的驱动能力，在关键问题上能够快刀斩乱麻，能够在原则上坚持底线，这样的老板最终会比其他人跑得更快，企业也更稳健。

身为"虎"性领导，首先要有闯劲，能够善于发散思维，能够针对工作提出好的思路和方法，还要能够做到敢为人先，敢于在别人之前创出业绩，要有争先创优的意识，要有勇立潮头的意识，要有奋勇争先的意识。

身为"虎"性领导，还要有蛮劲。这里的蛮劲，不是蛮横不讲方法，而是不怕出血出汗，能坚持到最后，有不完成不罢休的魄力，尽最大的努力使工作任务和自己的目标得以实现。

"领导有'虎'性，员工有出息"这句话说得真是既简明又透彻。领导的个性对下属会产生强烈的感染和辐射作用，企业中许多好品德、好作风、好传统都是领导率先垂范带出来的，一级一级传承下去的。员工的工作状态，往往是领导耳濡目染潜移默化熏陶出来的，是从领导那里仿效过来的。因此，民间才有了"兵熊熊一个，将熊熊一窝"之说。因此，一个"虎"性领导，一定总是会得到广大下属的尊敬、支持和拥护的。

## 别人笑我太个性，我笑他人太相同

俗话说，"条条大道通罗马"，想获得成功，并不一定非要走别人都走的路，有时候走一些让别人看来觉得南辕北辙、徒劳无功的路反而会让你更轻松地摘取成功的桂冠。

我们经常有这样的体会，在单位，自己只是一个无名小卒，尽管很多时候对工作会有自己的见解，但由于想到自己在公司的地位而不敢随便言语。如果提出来了，必然会引来一番嘲笑。所以渐渐地，我们不再敢有自己的想法了，领导交代怎么做就怎么做，领导怎么安排就怎么办。久而久之，渐渐失去了自己的个性，成了一个没有思想、没有头脑，只会服从的人。如果我们不想成为一个庸庸碌碌的人，那么就必须坚持自己的见解，坚持自己的个性。

很多时候，我们都是认为个性是不成熟的表现，一般只有刚步入社会的人才表现出个性。大多数人在刚刚步入社会的时候，都是有棱有角，能够坚持自己想法的，但在一次次碰壁之后，就逐渐变得圆滑了，"棱角被现实磨平了"。然而，一个世俗圆滑、没有个性的人是不会真正成就大事的。也许在某个阶段、某个小圈子内，这样的人能够呼风唤雨、得意一时，而最终能成就一番大事的，绝对不会是这种人。一个没有个性的人，必然缺乏冒险精神，没有标新立异的勇气，凡事求稳，不求有功、但求无过，他不会热衷于变革、不会热衷于新鲜事物，只会因循守旧、固步自封。真正有所创新、推动历史前进的人，都是那些有着自己独特个性，并且敢于坚持自己原则的人。

提起吴莫愁，很多人都会想起那些有关她的争议，年仅 20 岁的她，从站上"中国好声音"的舞台之后，或好或坏的话题与焦点便迎面扑来。虽然，关于她的争议很多，但她透过舞台展示出来的自信笑容、对音乐别具一格的诠释以及极具个性的妆容，都一一在很多观众的心目中留下了极其深刻的印象。在这个越来越在意个性与自我的年代，吴莫愁身上所特有的独特气质确实是一个新生代歌手中个性派代表。

和很多会唱的选手不同，"好声音"舞台上的吴莫愁那极具夸张的表演方式，在当时是独一无二的。她没有实力派选手的沉稳、也没有靓丽女选手般的甜美，甚至从她那些造型、演唱中，让人感觉有做作之嫌疑。但吴莫愁的确凭其极具个性的表演，成为了那个舞台上的"唯一"。

流行音乐需要个性，这是不争的事实。如果一名歌手没有个性，其必然会被淹没在人群之中，没有出人头地的机会。同样，其他领域也是，如果失去个性，没有差异化，也不会有成功的可能。

李白有诗云："天生我材必有用。"人的天赋不同，成长的社会背景不同，人与人之间必然在各方面都存在差异，所以说，每个人都有与众不同的地方，这便是个性。而在社会上，对人才的需求也是多种多样的，既需要工程师、科学家，也需要售票员、清洁工。"三百六十行，行行出状元。"每个人都可以根据自己的个性在社会中找到自己的职业，做出自己的贡献，实现自己的人生价值，又何必效仿他人，与他人相同呢？如果想将自己的人生价值发展到最大，最好是充分发挥自己与众不同的一面，展示自己的个性。倘若一味地随大流，只能导致失败、挫折。

所以，每一个人都应该努力根据自己的个性来规划自己。不同的职业对能力的要求是不同的，比如医生需要更为敏锐的观察力，教师要有较好的记忆力，而记者在敏锐的观察力之外，还需要思考问题的能力，对自己的个性做一个客观的评估是很重要的，因为有些职业，如果你不具备这个职业所要求达到的能力，你就是再努力勤勉也收效甚微。

比如，你运动协调能力较强，身体能够迅速而准确地做出动作反应，那么你可以选择舞蹈演员、健身教练、司机等职业；如果你的动手能力强，能够迅速而准确地操作小的物体，那么你可以选择技术工人、检修人员、模型制造人员、手工艺者等职业；如果你社会交往能力强，善于进行人与人之间的互相交往，能够协同工作并建立良好的人际关系，那么你可以选择公共关系人员、对外联络人员、政府新闻官、物业管理人员等职业。

"走自己的路，让别人去说吧。"欲成大事，难的是一个坚持自我。人生在世，一定要学会做自己的主人，要相信自己，相信别人能做到的事，自己也能做到，而且会做得更好，相信自己的努力一定会有更好的结果。坚持自己的个性，不随波逐流，超越自己，拒绝平庸，感受一峰独秀的喜悦，感觉笑傲江湖的洒脱，你会说：坚持自己的个性真好！

## 认真听取别人的意见，但走自己的路

不知道从何时起，"走自己的路，让别人去说吧"开始在社会上流行起来，走自己的路就是最大的胜利；走自己的路就已经成功了一半……这些话并不无道理，生活中我们会经常碰到这样的事：比如自己想在某一个地方开一家饭店，但听别人说这个地方不好，我们便迟迟不敢开始。这时有一个人捷足先登开了起来，生意居然很火，你就会后悔莫及。类似的事会发生在每个人身上。痛定思痛，你是否想过，我们为什么会有这样那样的后悔？恐怕是因为被别人的意见左右吧。

希腊船王奥纳西斯出生在土耳其西海岸的伊密尔，1922年全家来到希腊。当时正值第一次世界大战之后的经济复苏时期，很多人因为没有摸准市场的规律，拼命扩大生产。不久就出现了市场过剩，物价不断下跌。为了使自己的资金流动起来，那些资金比较少的人都纷纷将自己的产品降价销售。那些较富裕的人，都在考虑买些不会赔钱的东西，以免自己手里的钞票贬值。股票、房屋、黄金……这些都是人们考虑的投资对象。

奥纳西斯当时属于较富裕的人的行列，但他还想赚更多的钱。不过他没有买股票、房屋、黄金等，他买的是经济危机之中最不景气的海上运输工具——轮船。他是这样分析的：世界经济一旦复苏，运输必须先行，轮船一定会发挥更大的作用的。有了这种想法，他不顾别人的反对，把全部财产都抛了出去，赶到加拿大买下了6艘货轮。

在之后的几年内，经济危机愈演愈烈，当时很多人认为奥纳西斯干了一件蠢事，而现在却都认为他是疯子。可是奥纳西斯却对自己的决定充满了信心。

奥纳西斯的运气终于来了，但不是因为经济复苏，而是第二次世界大战爆发了。无论是欧洲战场还是亚洲战场，到处都需要美国的物资。这时，谁有能力在太平洋、大西洋运输货物，谁就可以赚到大笔的钱。一时间，奥纳西斯的 6 艘货船成了 6 座浮动的金山。到了第二次世界大战结束的时候，奥纳西斯已经成了拥有希腊"制海权"的商业巨头之一。

走自己的路，就是特立独行，别人难免要评三道四。其中，既有善意的批评指导，也有恶意的嘲讽诽谤。对于别人的议论应采取什么态度呢？首先要看自己的路走得如何，再与他人的意见进行参照比较，最后决定自己的取舍。

坚持走自己的路：

第一要看自己选择的路是正路还是斜路。如果是正路，那就要坚持下去，闲言碎语，不必理睬。张艺谋被称为"开创中国电影新时代"的著名导演、摄影师。假如他在拍完《黄土地》以后，便屈服于喧嚣一时的非议和责难，停下脚步，还会有誉冠西柏林电影节的《红高粱》吗？

第二要虚心听别人的意见，但不一味听取。俗话说："良药苦口利于病，忠言逆耳利于行"。虚心听取别人意见总是对自己有帮助的，因为仅仅相信自己是不够的，我们还应当相信别人，多听取他人的意见。善于听取别人的意见是一种优点，但是缺点往往是优点的过分延伸。一味地听取别人的意见也是不应该的。几乎每一个事业有成的人都是非常自信的人，他们能够坚持走自己的路，不被别人左右。坚持走自己的路，可以使你更集中精力，目标更加明确，更容易获得成功。

一味地听取别人的意见，可以扼杀一个人的聪明才智，另外，它也会在一个人的职业生涯发展中形成恶性循环：由于总是听取别人的意见，就会让一个人不敢干或者干起来没有魄力，这样就显得无所作为或作为不大；旁人会因此说你无能，旁人的议论又会加重让你听从别人的意见。因此，一个人必须一开始就不能被他人的意见所左右，大胆行动起来。

成功者，往往都是很有主见的人。无论别人怎么说，他们都能够坚持走自己的路，绝不会让别人的评价而妨碍自己的前行。他们随时都能够从一些模糊的、纷杂的障碍中走出来，始终沿着自己认定的方向前进。

第三要不被非议所左右。身在社会，我们应该学会低调，但低调并不意味着让你因为别人的看法而放弃自己的想法。比如面对别人对你的非议或误解，我们应该选择走自己的路，继续前行。如果因为被人一时误解就放弃前行的话，就等于用别人的错误来惩罚自己。我们应该明白，被人误解或非议是社会中存在的一种常态，面对这样的常态，我们需要做的就是走自己的路，而切不可被误解或非议所左右，给别人以机会去印证他们的看法。

人人都有言论的自由，这是我们无法左右的。但是，事实告诉我们：行动永远比言论更有力量。我们不必对别人的言论去进行反击，我们可以选择低调——走自己的路，埋头做事，我们会因此而活得更坦然。

"沉默是金"是一个永远值得我们拥有的品质。只要自己认定正确且合理的事情，就要坚持走自己的路，绝不能被别人的看法所左右。反击是既浪费精力又消耗时间的愚蠢行为，其实行动永远会比言论更有力量。不管别人怎样评价自己，只要我们选择"沉默是金"，坦然面对，走自己的路，时间就会证明一切。

# 为什么大部分人无法与众不同

在现实生活中，你和谁在一起的确很重要，小时候受到父母的影响，上学后接受老师的教育，走向社会后与周围朋友相接触，这些都会影响你的成长轨迹，决定你的人生成败。雄鹰在鸡窝里长大，就会失去飞翔的本领，怎会搏击长空，翱翔蓝天；野狼在羊群里成长，也会变得懦弱顺从，又怎么会叱咤风云，驰骋大地。你是谁并不重要，重要的是你受到什么样的影响。如果周围那些消极的人和事潜移默化地影响了你，慢慢地，你就会变得平庸。

## 想象雄鹰一样翱翔，就不要与燕雀为伍

广阔天地是我家，冰山雪岭要开花。

不做燕雀居檐下，誓做雄鹰战天涯。

这是一首在二十世纪六七十年代广泛流传于知青中的一首诗。该诗用了司马迁《史记》中的一个典故："陈涉少时，尝与人佣耕，辍耕之垄上，怅恨久之，曰：'苟富贵，无相忘。'庸者笑而应曰：'若为庸耕，何富贵也？'陈涉太息曰：'嗟乎，燕雀安知鸿鹄之志哉！'"后来人们就用"燕雀安知鸿鹄之志"比喻平庸的人哪里知道英雄人物的志向。

平庸的燕雀不懂鸿鹄、雄鹰的志向，主要源于境界的差距。坐井的青蛙所能看到的天空就那么大，它的世界也就只有那么大，你就不能奢求它有什么高远的

志向。它们就如同世间的平庸之人，他们眼界狭窄，目光短浅，怎么会有远大的志向呢？

何谓平庸？平庸就是在生活上得过且过、消极颓废的一种态度。也许我们生来很平凡，但并不意味着我们是平庸的。世上的每一个人都应该拒绝平庸，树立远大的理想，像雄鹰那样去搏击天空。

历史上的周瑜，是一位文武兼备的将才，其谋略在当时是数一数二的。他最初曾寄居在叔父、丹阳太守周尚的门下。后来袁术派其堂弟袁胤取代周尚任丹阳太守，周瑜便随叔父到了寿春。不久，袁术发现周瑜的才能很大，便打算收他在自己的帐下，为自己所用。但周瑜眼观独到，他看出袁术最终是不会有什么成就的，也不愿意与这样平庸的人为伍，于是就请求出任居巢县长，借机回了江东，投靠在"小霸王"孙策帐下，被任命为建威中郎将。从此，周瑜与孙策、鲁肃等一班有着宏图大志的人在一起，他的才能有了施展的空间，并在东吴的创建与巩固的过程中，立下了显赫功劳。

设想一下，如果当初周瑜投靠袁术，整日与袁术帐下的一群碌碌之人为伍，他还能取得后来的成就吗？没错，一定不能。无论于古于今，与什么样的人在一起对一个人的影响的确是非常大的。俗话说："鸟随鸾凤飞腾远，人伴贤良品自高"。普通的鸟儿跟随凤凰一起飞，也可以飞得很高很远；而普通的人，如果和贤良的人在一起，那么这个人的品质也自然就会提高了。同样，这个结论反过来也成立——一个人即使很优秀，但如果选择和平庸的人相处，那么他也会逐渐平庸下去。这个道理许多人都理解，可是在现实中却依然有很多人犯类似的错误。他们明知道自己的身边多是碌碌无为之辈，却依然选择和他们交往，最终让自己留下了遗憾。

平庸之人，多善于玩弄权术，你和他们打交道，这种人只会利用你的优势往上爬，只会利用权术显示自己的高贵。如果你心甘情愿地同他打交道，你就必须做好牺牲的准备。因为，当这种人同你接近的时候，他绝对是有目的的。同这种人打交道，孤独、寂寞都属于你，而胜利和荣誉却是属于他的。

平庸之人，多善于溜须拍马，这种人经常会出卖朋友，踩着别人的肩膀往上爬。你同他交往，他可能用你的失误作为资本讨好上司，向上司邀功，而根本不顾及自己做人的尊严，不顾及你们的友情。同这种人打交道，你必须时时提防，处处小心。

平庸之人，大多没有生活情趣。或许他是一个好人，或许他与世无争，可是他没有激情、没有创造力，如果他经常出现在你的左右，你很可能变得同他一样没有朝气。这种人不懂得生活，也不愿意使生活变得五彩缤纷，他们只知道盲从或者随波逐流。同这种人打交道，你很可能会迷失自我，成一个碌碌无为之人。

可以毫不夸张地说，不与平庸的人为伍，你就成功了一半。而如果你能和一个卓越的人为伍，那么你将更容易摘取成功的桂冠，或实现自己的理想。

如果你与一个卓越的人在一起，那么这个人的观点、情绪和状态能对你产生重要的影响，也能激发你的内在潜能，使你奋进。

如果你与卓越的人在一起，就会发现和学习他的优点，并使之转化成自身的长处，让自己变得更聪明。

如果你与卓越的人在一起，就会善于把握人生的机遇，并把它转化成自身的机遇，让自己变得更加优秀。

学最好的他人，做最好的自己。如果想使自己像雄鹰一样翱翔，就一定要与群鹰一起飞翔，而不与燕雀为伍。如果想使自己更加的卓越，就要与卓越的人在一起，这样才会使自己更加成功。

如果你的志向远大，就应该让自己更清高一些，更洒脱一些，更聪明一些，学会与那些庸俗的人擦肩而过，力求与卓越的人为伍，从而实现自己的理想，创造一段不平凡的人生。

# 枪打出头鸟，社会大环境使然

"我从来不在乎人家说我什么，我认为我做得对，我就要做。我这个人从来不怕枪打出头鸟。枪打出头鸟是因为那个鸟飞得太低才会被打到。如果我这个鸟像光的速度冲飞到高空，那枪能打得到吗？枪是打不到的。"

在我国众多的民营企业家之中，陈光标可以说是一个另类。他从一个小作坊起家成长为亿万富豪，从一个普通人成长为中国著名的慈善家。他捐资过亿，在众多民营企业家中可以说是独一无二，为此也赢得了"中国首善"的称号。然而对于他的行为和首富的称号，不少人都表示质疑。有人说，你慈善可以，但没有必要这么高调。

面对质疑，陈光标十分感慨，说出了上述话语。"枪打出头鸟"这句话也再次引起了人们的热议。

"枪打出头鸟"，这句话出自《增广贤文》一书，文中说："严父出孝子，慈母多败儿。枪打出头鸟，刀砍地头蛇。风吹鸡蛋壳，财去人安乐。谁言碧山曲，不废青松直；谁言浊水泥，不污明月色"。

自古以来，枪打出头鸟的例子信手拈来，举不胜举。汉武帝时期，有位名叫公孙弘的大臣，官居御史大夫。这位公孙大人非常廉洁，生活俭朴，不好绫罗绸缎，被褥等生活用品都是相对低廉的棉布制品，吃饭也是粗茶淡饭。这无疑是皇上、百姓推崇的百官楷模。然而，这只"出头鸟"遭到了"同事"的不满，他们上书皇上，说公孙弘"位在三公，俸禄甚多，然为布被，与小吏无差，诚饰诈，欲以钓名"。公孙弘见自己在朝廷之中竟然被孤立了，非常后悔，便对妻子说："节俭本乃美德，却反遭人暗算，即此作罢"。随后，公孙弘一反以前的作法，和百官看齐，争于奢侈。时间不长，竟然在朝堂之上不再孤立，更谈不上遭到弹劾了。

说到"枪打出头鸟"，有人则会联想到杜甫的"射人先射马，擒贼先擒王"的诗句。"出头鸟"为何先遭枪打，"王"为何成为首要捉拿的目标，这颇耐人寻味。鸟中可以称之为"头鸟"者，必定是出类拔萃的，如同鹤立鸡群一般，众鸟见之，怎么能不产生认为自己平庸无能之心，心理必然不平衡，只有打掉出头鸟，才显得平等。于是，众鸟之间便达成了一种默契，结成一条战线。它们的任务就是提防"头鸟"，打压"头鸟"。倘若有鸟执意要出头，迎接它的必然是黑乎乎的枪口了。

某办公室刘科长就深谙此道，他平实工作扎实，勤勤恳恳，经常加班加点地工作，成绩也十分突出，所以年纪不大，便被提拔到显要的职位。众人认为，此人受到上级的如此重视，前途一定不可限量，必定会更加努力工作。然而，刘科长一升官就迷上书法，每到闲暇的时候，总要把自己关在屋子里，沉醉于笔墨纸砚之中，颇有"玩物丧志"之意。众人不解，问他原因。刘科长迟疑之后，才缓缓说出答案："年轻得志，本是好事，但过于引人注目，容易招来嫉妒。那些资格比你老、能力比你强的人也大有人在，许多人除了上班，大都寄情于钓鱼、书法、绘画、麻将之中，如果你表现太过突出，必然会成为'出头鸟'，招来别人的明攻暗算。等到有一天被一枪毙命，后悔就来不及了。"

如此说法，出人意料，然而仔细体味，也合情合理，甚至可以说见解颇深。自古以来，我国就是一个谦恭礼让的国度，中庸之道在人们的脑海中根深蒂固，这种古老的文化传统妨碍着一个人的出类拔萃。倘若有人出人头地而又锋芒毕露，一定很难容于众人，更会成为众矢之的。"木秀于林，风必摧之""出头的椽子先烂"就是这个道理。

为此，古往今来，许多事业有所建树而深谙此道的人大都不愿意太出名，因为他们知道，一旦自己成为典型，尽管风光无比，但人际关系必然十分凄凉，更要提防着各种各样的明枪暗箭。晚清重臣曾国藩，功高显赫，但为人低调，甚至连大门外炫耀的匾额都不挂。不仅如此，他还反复嘱咐儿子曾纪泽，凡事不可张扬，要谨慎行事，以免招人耳目。

有这样一个笑话，说某位领导很会惩治下属。如果哪位下属触犯了自己，就给他评上一个"模范"的称号。一个人一旦成为了先进，必然会招来与他同级人的不满，明枪暗箭自然一拥而来。这样，这位领导不用自己动手，就将那位下属狠狠地惩治了一番。

当然，这只是一个笑话，不必信以为真，然而我们却不能不忽视"出头鸟"给人们带来的麻烦。如果你出了名，往往就会被宣传成十全十美，人们也会给你提出更高的要求：办公室脏了，你应该去打扫；门窗坏了，你应该去修；赈灾捐款，你要走在前面，而且数目一定不能比别人少；而单位分福利你就应该拿少的，不然，你怎么能对得起先进的称号呢？先进就不能有缺点，不能有欲望。更可怕的是，你一旦出了名，成为了先进，领导就会对你产生戒心，同事和朋友会对你报以异样的眼光，挑剔你的毛病，即使你没毛病，也会编出各种新闻，流言蜚语接踵而来，让你陷入孤立，你的家人也可能因此受到影响，这样的生活有谁想要呢？

难怪有人说，要搞垮一个人最好的办法不是去攻击他，而是大肆去宣传他、去表扬他、去吹捧他，将他捧得越高，也必然会将他摔得越重。即使他自己不摔下来，别人也会千方百计地把他弄下来。由此可见，"出头鸟"太难当了。所以，那些"聪明"的人，即使再有才华再有成就，但为了保护自己，也只好改变自己，缩回"鸟头"，和众多的鸟儿混在一起，使枪打不到自己。这样的生活虽然平庸，但可以吃安心饭，睡安稳觉，没有生命的危险。

俗语说得好，"人怕出名猪怕壮"，猪如果太肥，就会面临被宰的危险，人太出名了就会面临各种烦恼、困境。道理和枪打出头鸟一样。

其实，"枪打出头鸟"的本质就是嫉妒，目的是扯倒放平，谁也别比谁高、比谁强。如果社会上不清除这种思想，很难形成一种尊重人才、爱护人才的环境，杰出人才也很难脱颖而出。这也正如风靡大江南北的"怪才"罗永浩所言："希望那些喜欢用'枪打出头鸟'这样的道理教训年轻人，并且因此觉得自己很成熟的中国人，有一天能够明白这样一个事实，那就是，有些鸟来到世间，是为了做它该做的事，而不是专门躲枪子儿的。"

## 改变现状会面临无法预知的风险

一年一度的公务员考试总是牵动着无数人的心；持续不断的"公务员热"，更是最近几年人们一直热议的话题。然而，为什么人们放着那么多的就业机会、工作岗位不顾，一心想闯这座独木桥呢？多数回答是："想寻求一个稳定的环境。"

对于中国人来说，公务员就等于稳定的工作，不会为失业担心，不用为生活发愁。然而，一些公务员坦言，公务员听起来好听，其实并没有那么光鲜。尤其是对于公务员金字塔底层的大多数人来说，公务员的福利并没那么高，收入没那么多。更有许多公务员因为自己大学所学的知识用不上，而又日复一日缺乏创意地重复着劳动，意志逐渐被消磨殆尽，感觉越来越没活力了。他们也想摆脱公务员的职业，但又对离职后的风险多有担心：一旦跳槽，早已习惯了机关的工作模式，出去还能做什么？每日赶写的那些程式化的公文，除了在这里有用，出去哪里用得上？

因为对未来的风险无法预知，所以许多公务员安于现状，拒绝改变。不仅公务员，在生活中，安于现状的人并不在少数，他们总是处处留心，时时在意，做事情总是畏首畏尾，他们不肯改变现状，期望过一种与世无争的生活。俗话说，"富贵险中求"，大部分成功都伴随着巨大的风险。对于许多人来说，虽然他们也想求得富贵，但是因为惧怕未知的风险，他们只好选择了安于现状。对于一个人来说，最具有闯劲的是青年时期，处在这个时期的年轻人，应该是无所畏惧的，是敢闯敢干的，而事实上，我国处于这个阶段的年轻人，他们多数持保守态度，宁愿当房奴，也不愿意去创业，去创出自己的一番天地。

2013 年 5 月 10 日，马云正式卸任阿里巴巴的 CEO，然而他和阿里巴巴的传奇依然是人们热议的话题。1999 年 3 月，马云以 50 万元人民币创业，开发阿里巴巴网站。以此为起点，最终建立了坐拥市值上百亿美元的一个商业帝国。人们设想，如果当初马云没有拿这 50 万元创业，而是选择买房，那将是什么样的一番状况呢？可以肯定地说，这个坐拥市值上百亿美元的商业帝国肯定是不会存在的，马云也不会拥有今天如此多的桂冠。如果你是当初的马云，你会做什么选择呢，买房还是创业？出乎意料而在情理之中的是，多数人会选择买房，理由是："当年用 50 万元买房的人，100 个人里能有 99 个如今过得还不错；当年用 50 万元创业的人，不知道 1000 个人里出不出得了一个马云。"

据光大银行与某地产公司市场研究中心发布的调查显示，2010 年北京首套房贷者的平均年龄仅 27 岁，为全球最低。相比之下，其他国家和地区的首次购房者平均年龄都在 30 岁以上。另外，中国青年报社会调查中心通过民意中国网和题客网对 19 869 人（其中 37.3% 的人住在北京、上海、广州等一线城市）进行的一项调查显示，84.1% 的受访者确认身边有"毕买族"，即一毕业就买房的人。

多数年轻人爱买房，不爱创业，是因为创业的收益太少吗？一项调查数据显示，工商业项目的平均年盈利约为 15 万元，是非农业非创业家庭年劳动收入的 2 倍多，后者仅为 7.2 万元；农业家庭的年农业性收入更只有 1.2 万元，不到创业项目的十分之一。分城乡看，依旧存在这种现象。城市地区创业项目的平均年盈利约为 16.9 万元，是非农业非工商业家庭年劳动收入的 2.3 倍，农业家庭的年农业性收入的 15.4 倍；农村地区，创业项目的平均年盈利约为 9.4 万元，是非农业非工商业家庭年收入的 1.4 倍，农业家庭的年农业性收入的 7.8 倍。

创业并非收益少，但本来具有闯劲的年轻人却不愿意去选择它，宁可去买房当房奴，一个小倾向，却折射了大问题。这一方面的确有结婚要有房的文化观念影响，另一方面，更反映了在我国创业难度大，创业环境差，创业激励少，要面临许许多多未知风险等问题。

创业的收益高，但与高收益共存的是收入的高风险性。从总体上看，处于盈利水平中位数上的创业项目年平均盈利仅为 3.2 万元，不到非农业非工商业家庭年劳动性收入的 3/4；处于 25% 分位数上的创业项目年平均盈利更只有 1.5 万元，基本上相当于非农业非工业家庭年劳动性收入的一半。

承担高风险的同时，创业者的工作也非常辛苦。从总体上看，创业者的努力程度普遍比受雇于他人的劳动者要高。一项数据显示，受雇于他人或单位的劳动者每周平均工作时间为 5.5 天；而创业者每周平均从事创业项目的时间为 6.4 天。

另外，与西方发达国家相比，我国的创业环境还不容乐观。几年前，世界银行集团发布的一份报告显示：在我国内地开办一个企业，平均要办理 10 个部门的 14 道手续、经过近两个月时间才能具备合法开业条件。近两年，虽然有了很多进步，深圳商事登记制度改革甚至还提出了"零资本注册"，但现实中，白手起家的创业者还是有很多无助和无奈：税费重、贷款难、融资难，个别管理部门吃拿卡要等等。

还记得那个我们听了多遍的著名实验：将一只青蛙放进一口盛满凉水的锅里，然后用文火慢慢加热，青蛙开始并不能感觉到它处于危险之中，还怡然自得地游来游去；当水的温度越来越高，青蛙感到危险想跳出时，却已浑身无力，最终命丧锅中。

虽然我们现在可能处于一种安稳的状态，工作生活都无忧无虑，但是难免有一天，你可能要必须离开这个环境才能生存，到那时，你再想做准备已经来不及了。孟子云："生于忧患，死于安乐"，我们要为以后可能遭遇到的挫折做好准备，彻底摒弃"安于现状"的想法。

## 教育体制的失当，活不出个性

1979 年，中国和美国各派出一个代表团考察对方的基础教育。中国代表团看到：美国的孩子还在扳着手指头算加减法的时候，就幻想连篇，大谈发明创造；学校的正课很少，放学很早，让学生玩耍的时间很多；课堂上如同集市，老师和学生都很随便，闹哄哄的，回答问题也不用举手；放学后，老师不给学生布置家庭作业……中国代表团于是得出结论：美国基础教育已经不可救药，20 年后，中国的科技必将超过这个超级大国。而美国代表团看到的：中国的学生非常勤奋，起早睡晚，掌握的知识非常多，考试成绩也很优秀。于是，他们也得一个结论：再过 20 年，美国的科技将被中国赶超。

然而如今，已经过去 30 多年了，这期间，美国"不可救药"的教育培养出了数十位诺贝尔奖获得者，美国的科技仍然领先世界；而中国在科技领域里整体上与美国依然存在很大的差距。

造成这个结果，教育原因首当其冲。相比较两国的教育体制，最明显的差别在于：中国注重学生知识的数量的掌握，培养的是吸收知识的学习行为和接受能力。而美国的学校注重学生的批判性、独立性和创造性，注意培养学生发现问题和解决问题的能力，学以致用的实践能力，尤其是个性的培养。

《禀赋教育在美国》一书曾以"西安事变"的历史教学为例，详细比较了两者的不同。中国老师讲完史实后，请求学生记住时间、地点、人物、事件等，只要能应对考试就可以了。美国老师则是方法众多：有的什么都不教，而是让孩子们分组，分别制造一份当时各党各派的报纸；有的只给几个辩论题，让孩子们组成正、反方进行辩论。即使是惯例教学，老师也会启示孩子的发散性思维：如果蒋介石不让步会怎样？假如张、杨不和共产党配合会怎样？如果张、杨把蒋介石正法会怎样？如果蒋介石逃出西安会怎样？

从"西安事变"的教学对比中可以看出，中国基础教育培养的学生包揽了"聪明的孩子"的所有特色。美国教育培养的学生却囊括了"智慧的学生"的所有特点。培养"考生"还是培养"学生"，是中美基础教育的基本差别，也是应试教育和素质教育的实质区别。

罗素曾说："富有才华的个人发展，需要有一个对他们来说几乎没有任何强求一致的压力的童年时代。"世界上没有两片完全相同的树叶，每个人的天赋和潜质也各不相同。正视个体差异的客观存在，尊重个性发展，因材施教，是教育的基本理念。

然而，在当今我国的教育界，压抑学生个性的现象普遍存在。在现在的教育环境里，课业繁重，沉重的负担压弯了孩子的脊背，也挤压了他们个性发展的空间。在应试教育的今天，学生只要记住书本上的知识就可以了。只要考试没涉及到的知识，就没有必要知道。分数和升学率成为老师评价学生、学校评价老师、社会评价学校的唯一标尺。为了分数，学生、老师、学校一心扑在应对考试上，哪有精力来发展个性？

统一大纲、统一教材、统一课程、统一要求、统一考试、统一录取……在"一刀切"的教育体制下，教育者习惯用同一个标准来培养和要求学生，用相同的教育模式来实施教学计划，其结果，必然忽视了学生的个性、潜能、兴趣、特长等个体差异，忽视了青少年认知发展的基本规律，导致的后果则是学生缺乏个性和创新能力。

在考试和升学的沉重压力下，中国家长时常感到无助、无奈，时常纠结、焦虑，无意中也为应试教育推波助澜，压抑孩子的创造性已成为家庭教育中不容乐观的问题。随着孩子年龄的增长，家长们越来越关注孩子的学习成绩，越来越忽视孩子的个性发展。

在教学上如此，在道德教育方面也是如此，我国教育也有扼杀孩子个性的倾向。我国的教育重视集体主义教育，而忽视自我意识培养；重视规章制度、纪律等对学生的约束，而忽视个性心理的发展。

学生的创造力、想象力和个性发展，离不开自由宽松的空气。邹承鲁院士回忆在西南联大的求学时光时曾说："那几年生活最美好的就是自由，无论干什么都凭着自己的兴趣……没有求知的自由，没有思想的自由，没有个性的发展，就没有个人的创造力。"

填鸭式教育，也是中国教育的一个特色，其对学生个性发展的阻碍更是不可忽视。填鸭式教育本是苏联教育家凯洛夫发明的。填鸭，本是人工肥育鸭子的一种方法，即把饲料强制填入鸭子的食道，使鸭子肥大。填鸭式教育，就是把知识一味灌输给学生。填鸭式教育的弊端非常大，它只充分把老师和书本的思想灌输给了学生，毫无创造性可言。

当今仍普遍存在着无视学生的个性与特点，不顾学生的学情，按照预定教学目标和要求，按部就班地完成教学任务的教育方式。现在我们大力提倡素质教育，而素质教育的真谛，不是让每个学生都成为统一规格的"标准件"，而是造就充满活力、个性鲜明、会学敢问、思维活跃、勇于标新立异、有个性的一代新人。

## 中国人自古从众、功利的思维定势

不久前，"北部马拉松"在英国东北部城市桑德兰展开，有5000人报名参赛。然而，由于主办方疏漏，跑在队列第二、第三位的选手行至某体育馆附近区域时选错路，导致跟在他俩身后的参赛者也都跑错了。最终，除跑在首位的选手外，其余全部参赛者都失去了比赛资格。而唯一按正确路线跑完全程的选手夺冠。评论说："从众害死人啊！"

提及从众心态，我们中国人还是最有体会的。自古以来，中国人就有一种"从众"的思维倾向。比如在大街上，如果看到很多人朝某个方向奔跑，并且脸色慌张，即使并不清楚发生了什么事情，很多人也会随着人群一起跑去。这就有点像那个动画片"咕咚"的故事，也如同成语"三人成虎"所言。

从众现象能够发生的一个重要原因是信息的缺乏，在很多场合下，我们并不是都像对自己专业领域内那样事事通晓，我们常常也必须从他人那里获得信息。现代社会是一个信息爆炸的社会，我们每一个人都很难运用自己所知的信息来做出合理的判断，我们往往需要他人的意见，这个时候就会产生大量的"从众"现象。但是"从众"的原因恰恰也是"从众"的缺陷：人们因为对情况不了解才从众，所以那些被我们寄予希望的人其实并不比我们更了解什么，他们也在"从众"，这个时候就会集体犯错。

这个时候我们需要的是那些敢于彰显自我、能够独立思考、挖掘信息，然后作出判断的人。博学并拥有个性的人才能够引领社会。博学而无个性，往往会因为"从众"而枉费才华。当追求个性的西方人在追问：我还可以与他人有什么不同的时候，中国人却总在追问：为什么我与大家不一样？富有个性与主见，在西方社会是很值得自豪的事情。但是在中国却是另类，是怪癖，是洪水猛兽。在中国的大学里，如果某个学生的思想独特，一定会引起领导们的不安，一定要来一个"会商"制度，并且安排好学生盯梢，随时将其言论动态向上汇报，直到那个思想怪异的同学不再怪异为止。到这个时候，也许就是一个天才被扼杀的时候。

有位很成功的外国人谈到在中国做买卖的经验时说，要让中国人买你的商品，最好雇佣几十个人在你的店门口排队，形成商品畅销的假象，这样就会吸引许多人来排队抢购你的货品。中国人的从众之风，由此可见一斑。还有日本福岛核电站发生事故，日本人相对倒是淡定从容，而中国却谣言四起，跟风从众，发生抢购食盐之风。一元左右一包的食盐，竟然涨到二十多元。还有房地产市场、股市等等，无不存在着从众跟风热潮。

对于中国人的从众，鲁迅先生的论述可能是最精彩的。他曾经在《随想录三十八》中这样说：中国人向来有点自大。——只可惜没有"个人的自大"，都是"合群的爱国的自大"。这便是文化竞争失败之后，不能再见振拔改进的原因。

从众思维，说到底其实是一个社会、一个民族缺乏理性思维能力的表现。不会独立思考，不会独立判断，不能够理性地分析问题，只观风向，只看大家的行动。大家怎样，我也怎样。长此以往，怎能出现出类拔萃的人物？

功利主义，是中国人又一大思维定势。中国自古就有义利之辩。义，一般是指人们的思想行为符合一定的道德规范；利，一般指物质利益。我们强调的是义和利的辩证统一，即承担责任与获得利益相统一，要做到义利并举、以义节利。否则，整个社会必然陷入混乱之中，义遭受践踏，利也要受损失。然而在当前社会，功利主义已经极端化，人们在生活的处处都谨记自己的"利益"，唯己"利"是图，或者说，只有是为了自己的"利益"才会有动力去表现，更有甚者是不计代价！不信么？以下种种现象也恐怕不会陌生吧：

经济领域，一味追求经济增长速度，而忽视了经济发展的质量，豆腐渣工程、纸糊防盗门屡见不鲜；在文化领域，一味追求"高票房"和"高收视率"，只要能吸引眼球，只要能赚到钱，什么戏都敢拍，全然不顾艺术价值；在教育领域，越来越多的家长把幼小的孩子送到各种学习班，为的是应付幼升小、小升初的考试，应试竞争如此残酷，让人无言以对；在医疗行业，过度检查、过度治疗屡禁不止，抗生素滥用，毒胶囊的不断涌现，早已不再成为新闻；在食品行业，食品安全问题不断出现，非法添加花样翻新，以次充好瞒天过海，只要吃了不会立即死亡，什么东西都敢摆上餐桌，真是心惊肉跳……这一切，都是功利思维太重的表现。就连读书也在人的功利心之下越显苍白！全国国民阅读调查结果显示，全国人均每天读书不足15分钟，国民整体阅读现状，难以令人乐观。就连"读书人"——学生，也把读书排挤在自己的真心之外，现在的学生很少读经典名著和"大部头"的书籍，以流行、时尚、省时、省力的"快餐化读物"，轻松、有趣、缺乏思想内涵和人文底蕴的"浅阅读"为主。

在功利思维的笼罩下，人的内心完全被利益驱使，理想、追求丧失了，生活的感悟和思考丧失了，心灵的激荡和升华丧失了，真情的表达和呼唤丧失了，作品必然难以触及心灵，打动灵魂，背离艺术品质，所以人们难免有这样的感叹；现在的歌不好听了，电影、电视剧再不能万人空巷了……

实际上，无论是从众思维还是功利思维，我们最需要——保持自己的个性，不被别人的言行所左右，不被财富、权力迷失自己，也就是说，不让自己成为一个随波逐流的平庸之人。

## 没有选对参照物，无法进行正确的比较

人生最不幸的是什么？不是没有钱，而是没有选对参照物，无法进行正确的比较，从而使自己陷入平庸。

一个人品位的高低，成就的大小，往往是由他所选择的参照物决定的。选择什么样的参照物，并与之看齐，你就会有什么样的人生：选择勤奋的人作为参照物，你就不会懒惰懈怠；选择积极向上的人作为参照物，你就不会消沉堕落。如果你身边尽是消极颓废、目光短浅的人，并且选择他们作为你的参照物，进行比较，他们就会在不知不觉中偷走你的梦想，使你越来越颓废、越来越平庸。也正是由于你没有选择那些积极进取的人、远见卓识的人作为参照物，你的人生才变得平平庸庸，黯然失色。如果你聪明的话，那你就要选择那些聪明的人作为参照物，你才会变得更加睿智。

所以说，选对参照物很重要：

选择普通人为参照物，融入普通人的圈子，那么你整天谈论的就是鸡毛蒜皮的闲事，赚的是工资，想的是明天的早餐。

选择生意人为参照物，融入生意人的圈子，那么你整天谈论的就是项目，赚的是利润，想的是下一年的工作。

如果你选择事业人为参照物，融入事业人的圈子，那么你谈论的就是机会，赚的是财富，想到的是未来和保障。

如果你选择智慧人作为参照物，融入智慧人的圈子，那么你谈论的就是给予，交流的是奉献，遵道而行，一切将会自然富足。

在现实生活中，你选择参照物的确很重要，甚至能改变你的成长轨迹，决定你的人生成败。

2005 年，海尔集团橱柜制造部门的几位员工前往德国参加科隆家具博览会。在国内，让他们最自豪的，莫过于经常听到参观过海尔橱柜制造工厂的客人说："跟海尔的工厂比，其他橱柜商的工厂就是手工作坊，技术实力远赶不上海尔。"但是，在参观了德国柏丽工厂时，他们却受到了很大的震撼："如果国内小厂是手工坊，那我们只能是正规工厂，而柏丽则是厨具王国。"

在这几个海尔人的眼里，柏丽工厂简直就是一个现代机械、电子、计算机工业设备的集成展示厅。在车间中央控制室里，工作人员就可以轻松自如地控制整个车间的生产过程。对于原料的接收和上道工序的半成品，将加工后的半成品、成品运到下道工序，每辆货车发车的时间、需要运送的产品清单、抵达目的地的资料都一清二楚。柏丽工厂的负责人说："只要知道了用户的定单号，就可以查出这套产品是正在生产还是包装，或者还是已经发货，甚至连发货过程中的具体位置都可以查出来。"

作为家喻户晓的行业龙头企业，海尔尽管无论质量、服务还是技术上，在国内都处于领先位置，但海尔人却并没有满足，这次德国之行，让海尔人看到了自己的差距。他们将柏丽工厂作为参照物，对比自己，不断学习，并将学到的实施和运用到实践中去，进一步提升自己的竞争力。

对于企业而言，选对参照物是重要的；对个人而言，选对参照物同样重要。在现实生活中，很多人并不具备成功的潜质，但他们仍然可能成功，重要的原因是选对了参照物。在我国的四大经典名著之一的《西游记》中，沙僧是一个智商和情商都极为普通的人，但是他跟对了唐僧和孙悟空，以他们为师父和师兄，以他们为自己的参照物，最终依然获得了成功，有谁认为他不是一位得道的高僧呢？假如他没有加入唐僧这个团队，没有去西天取经，没有以唐僧和孙悟空作为自己的参照物，他可能就在流沙河平平淡淡了此一生，成为平庸之辈。

选择正确的参照物，是一门高超的艺术，是基于美好愿景的积极主动的人生选择。选择正确的参照物，很可能你的人生就此改变，少走很多弯路，甚至绕开致命的失败。没有选对参照物，你的事业道路将艰辛曲折得多，不仅损失精力、时间和金钱，还会消磨你的信心和耐心，而这些失去的将永远无法追回，你一辈子的努力可能赶不上人家几年的进步。

历史和现实生活中，无数成功人士之所以成功，往往是因为他们选择正确的参照物，他们紧跟着参照物的脚步，进行正确的比较，寻找差距，改变自己，最终获得成功，甚至有的人最终取得了超过参照物的成就。因此，你一定要在职场中寻找到自己的参照物。

时任雅芳公司CEO钟彬娴，是《时代》杂志评选出来的全球最有影响力的25位商界领袖中唯一的华人女性，在许多人心中她就是一个奇迹。而她之所以取得这样的成就，也是因为她选对了自己的参照物。刚刚走出校门时，钟彬娴一无背景，二无后台，她应聘到了鲁明岱百货公司，做她喜欢的营销工作。在那里，她结识了职业生涯中的第一个"参照物"——鲁明岱百货公司历史上的第一位女性副总裁法斯。钟彬娴时刻用自己对比法斯，寻找差距，努力弥补，为此深受法斯的赏识。后来，在法斯的提拔下，钟彬娴27岁就进入了公司的最高管理层。后来，她和法斯一起跳槽到玛格林公司工作，不久就升到了副总裁的位置。但是，钟彬娴觉得自己在玛格林公司的发展空间有限，于是便去了雅芳公司。在那里，遇到了她的第二位"参照物"——雅芳公司的CEO普雷斯。钟彬娴再次向普雷斯看齐，同样赢得了普雷斯的好感。由于普雷斯的欣赏和举荐，加上她个人的努力，钟彬娴最终坐上了雅芳公司CEO的位置。

参照物如此重要，那么什么样的人才可以成为你的参照物呢？在职场中，你的参照物可能是某位身居高位的人，也可能是让你钦佩崇拜的人，他们多是成功人士。这些人，往往具有雄才大略，见识不同于常人。他们不卑不亢，不急不躁，做人处事别有一番风格。他们胸怀大志，眼界开阔，不会计较一时的得失。他们善于学习，长于交往，乐于助人，厚待他人。不管在什么环境下，他们都能自然地影响和控制群体的行为。你选择这样的人作为参照物，甚至跟着这样的人，应该是最聪明的选择。

## 中国的传统文化的某些弊端就是抹杀"个性"

中华民族有着五千年的辉煌历史和光辉文明，中国传统文化不仅是中华民族历史发展的渊源，而且对现代中国社会乃至世界的发展都产生着重要的影响。在中国传统文化向近代转变的过程中，特别是与西方文化的交流与撞击中，其既显示了其优秀的品质和丰富的内涵，同时也暴露了其种种缺陷和弊端。虽然到了今天，中国传统文化体系已经瓦解，新的文化体系已经建立，但是，由于种种历史原因，中国传统文化的某些弊端仍对社会、人产生着消极影响。其中，中国传统文化的某些弊端对人性的抹杀，对当今的社会危害最大。

中国的传统文化中，群体的观念十分受到重视。这一观念的本身并没有什么错误，因为人具有社会的属性，必然要以群体的方式来生存、生活。但是如果把这种群体观念发展到极端，无疑就会排斥个体的成长。这种排斥的后果，无疑会扼杀个体的活力，使个体的任何行为都要从群体的规范、群体的心理、群体的习惯中去考虑，不能越雷池一步。如果有人标新立异，独树一帜，就会遭到群体的孤立和攻击。这必然会对一个人的个性发展产生阻碍。

纵观历史数千年，我们会发现，每一个重大的发明创新都是以群体为基础，以个体为突破，每一个创新都带有创造者的个性特征。牛顿、爱因斯坦、柏拉图、黑格尔等等，无一例外。所以，在当今社会里，我们在弘扬群体意识的同时，也应鼓励人的个性的发展，注重激发个人的活力。

中国经历了漫长的封建社会，封建意识至今仍极深地影响着人们的头脑，这些封建意识、思想严重压抑和束缚着中国人个性的发展。中国古人推崇"尊官贵长"的观念，比如商鞅提出"贵长而尊官"、韩非提出"以吏为师"等，谁一旦当了官，便在社会上受到尊敬，别人就要无条件地服从他，不管其命令是否正确、是否合理。由此无论在社会、在职场还是在其他组织，人们总是唯上级的命令是从，一切行动只是为了需要迎合上级的需要，这无疑抑制了个性的发挥，不利于个性的发展。

在中国的历史进程中，"大一统"的价值观念也特别受到崇尚。"大一统"观念对维护国家的统一，民族的团结，人民的安定，曾起到了一定的积极作用。但它的消极方面也不容我们忽视。

因为"大一统"观念的核心是把维护秩序放在第一位，把个性的发展放到第二位。为了维护秩序，不惜抹杀一切个性。在这种价值观的影响下，人们处理问题时就要求一切事情都要统筹划一，不允许人们去创新，去标新立异，这就无疑扼杀了人们的创新精神、个性的发展。因为任何创新、个性的发展都要打破原来的稳定和平衡。原有的东西已经是很稳定，很平衡了，但当你发现了新问题，进行创新时，就必然要否定了原有的结论，突破原有的条条框框，这必然引起秩序的混乱，必然和"大一统"价值观形成对立。如今，我们已经改革开放几十年了，"大一统"这个名词已经很难再听到，但这种传统的价值观对人们的思想和社会个性中产生的消积影响还远远没有消除。

当今的社会，是个各显神通、个性张扬的社会，尤其是随着网络和媒体的日益发展，影响了一代又一代的新新人类。各种选秀活动的火爆开展，网络红人的不断诞生，无不显示出个性发展的特点所在。虽然，有些并不值得我们完全肯定，但总地来说，人们已经开始越来越关注个性的发展。

作为社会的一员，一个人应该有他人的共性——智慧、勇气、自信，以及文化素质与道德品质等，这也是这个社会能得以和谐发展、共同进步的一个制约因素之所在。但同时，我们也不能排斥人的个性发展，传统文化也不能抹杀个性的发展。有个性才会有创意，有创意才会有创造，有创造，这个社会才会不断进步并多姿多彩。

就人生的意义而言，除了对国家和社会所作的贡献之大小，还有个人的是否自主、是否快乐。快乐、自主的人生，又何必在乎那些世俗的条条框框呢？

我们评价一幅画、一首诗、一篇散文乃至一个球队，都总是强调它们的风格。一种商品要想畅销，也要标榜其自身的特点，就连我们的社会制度也要有"中国特色"。毫不客气地说，在当今的社会环境里，没有个性是不能生存的。人才要特殊、企业要个性、品牌要创意，就连卖糖葫芦也要跟别人吆喝的不一样。为此，我们为何还要受传统文化的束缚，不专注发展自己的个性呢？

21 世纪，知识经济正在蓬勃兴起，知识社会正在逐渐形成。国与国之间的竞争已更多地表现为国家整体创新水平的竞争。我国要想赶超发达国家，就必须要不断开拓、创新，如果我们的创新水平低下，我们就只能是一个跟进的角色，很难独占鳌头。如果我们的创新水平整体上扬，国家就能形成后发优势，屹立于世界民族之林。

## 家庭因素，束缚了个性的发展

对孩子来说，家长最好的礼物就是帮孩子形成一个好的个性。而当前在我国，许多家长还是过多地重视孩子对知识的获取，却不尊重孩子独立个性的发展。

个性是相对于群体的共性而言的，也是不同人之间差异的表现，独立个性的形成是一个人各方面能力完善和协调发展的结果。一个人的个性形成于儿童期，之后很少变化，却会对其一生产生重要的影响，而家庭教育对个性的形成则起着关键性作用。儿童在个性形成中的行为，如果没有妨碍他人，没有不良倾向，家长就不应该过多干涉制止。但是一直以来，许多中国家长都把儿童能够学会多少知识作为自己的教育目标，过多地关注子女成才，很少关注孩子是否有一个良好的个性。这种教育误区致使许多孩子长大后没有个性，成为平庸之人。

有一家媒体报道说：一位父亲几乎把业余时间全花在女儿身上。为了女儿，他阅读数百册教育类的书籍，拜访多位教育名家，还写下长达百万字的成长笔记。在他的教育下，年仅3岁半的女儿，却已经阅读了近千册图书，看过千部影碟，欣赏了各种各样的演出近百场。一经报道，这位父亲的教育方式立即引起了巨大的争议。

让年仅3岁半的女儿阅读上千册书籍，看千部影片，欣赏百种演出，作为父亲，希望女儿能够出类拔萃，他的出发点可以理解，但是女儿如此年幼，那些书本上的道理她岂能了解？那些知识她岂能记得？古人云："少年读书，如隙中窥月；中年读书，如庭中望月；老年读书，如台上玩月；皆以阅历之浅深，为所得之浅深耳。"以3岁半孩子的阅历要去理解她父亲灌输给她的那些知识，应该是勉为其难的。这样一来，不是白白浪费时间吗？更何况这个年龄的孩子喜欢玩耍，不喜欢拘束，却让孩子在这种书海里过日子，她的性格肯定会发生变化，这完全就是扼杀了她的个性！不给孩子一些自然的天性，倘若孩子能顺利成长，那也只不过是温室里的植物罢了。还有，这种人造的神童将来一定会成为人才吗？这也值得商榷。

虽然社会各界都在为学生减负不断呼吁，但是 3 岁半的孩子已经被灌输了逾千册书籍、千部影碟、百场各种演出。不错，父亲是一位好父亲，为了女儿的教育倾注了所有的心血，但这样的教育总让人觉得畸形了。

家长与孩子同是家教的主体。孩子的主体地位要求家长要充分尊重孩子的独立人格与自尊，充分调动、激发孩子学习与发展的积极性和主动性。无视孩子的主体性，一味追求家长权威，不会有成功的家庭教育。

在家庭教育中，我们还会发现，家长对孩子用的最多的字是"不"字，不能、不行、不许、不可以、不应该等命令语言。殊不知，这些带"不"字的命令如同枷锁一般在禁锢着孩子的思想和行为。当你愿意把孩子当皇帝供养的时候，许多孩子却产生了离家出走的打算。曾有两个初中生离家出走，一周后因为花光了随身所带的钱财不得已回家。当父母见到他们时，以为他们一定很想家。没想到，这两个学生却说，如果能够挣到钱的话，是不会想要回家的。每个人都有自己的思想，即使是孩子，也不愿意像木偶一样任人摆布，他们要求被尊重。

与严苛的管教相对，有些家长是过分的爱、过分的关照。过分的爱，会使孩子不懂得什么叫做爱，什么是关心，什么是感谢。过分的关照，使孩子失去了独立生存能力，能干的家长培养出不能干的孩子。过分干涉，会使得孩子无所适从。在平时，家长不给孩子锻炼、思考和选择的机会，孩子得不到锻炼。遇到事情的时候，家长又说孩子这不行，那不对。因此，家长们应该对孩子宽容些，给孩子尝试犯错误的机会，也给孩子尝试成功的体验。

如果你问当今的孩子，你的父母最关心什么？回答一定是学习，是考多少分。这可以理解，因为当今家长最头疼的就是孩子不爱学习。那么，孩子为什么不爱学习？怎么样才能让孩子爱学习？答案很简单：因为学习痛苦，所以不爱学习。如果学习有快乐，就爱学习。整日沉浸在痛苦的学习中，心被束缚住了，个性也被束缚了。

总的说来，父母是决定孩子命运最重要的人。"子女成才，家长有责"，子女成才造福整个民族，孩子犯罪危害整个社会，家长不仅应对孩子奠定接受中小学教育的基础负责，而且应对孩子的一生负责。现代家庭的教育观，不仅要努力培养孩子德、智、体、美的全面发展，还要让他们的个性得到充分发展。那种"重智轻德""重知识轻能力"的片面家教观念必须转变。高级人才只是佼佼者，"龙""凤"永远是少数，只要能在自己的岗位上做出最大贡献就是人才，只要能活出自己的个性就是成功，家庭教育的根本价值所在是为子女的个性发展奠定良好基础。

# 想出类拔萃，就做些大家很难做到的

现实生活中，我们往往喜欢对付那些简单的事情，而把那些有难度的事推给别人去做，这种想法会把我们变得碌碌无为，让我们原地踏步。如果你想与众不同，就找那些别人不愿做的、有挑战的工作。人在快要淹死之际学会了游泳。许多人就是在危难之时发现自己的真实本事，认清自己有哪些技能的。而且，付出和所得是结伴而行的，多劳多得、少劳少得，没有不劳而获的。因此，"迎难而上"是我们最好的选择。

## 害怕出错，难以创新

2011 年，世界著名发明家、企业家、美国苹果公司联合创办人、前行政总裁乔布斯走了，然而他的死掀起了一场全球大讨论，从他的生平、业绩、精神，各个方面都成为了人们热议的话题。同样，在中国关于他的讨论也不少，其中最热门的就是为什么中国出不了乔布斯？如果单论聪明，中国的很多人不会逊色乔布斯；论市场的规模，中国的互联网和 IT 市场绝对是全球第一大市场，但是，中国为什么出不了乔布斯那样的人物呢？

乔布斯之所以有今天的成就，让苹果产品成为人们最喜爱的电子产品，最重要的一条就是创新。创新一词虽然我们并不陌生，但在中国文化和人们的心中还是很难接受的。创新，就意味着可能失败，而且失败占着很高的概率。自古以来，中国人就非常害怕失败。我们一向崇拜成功，鄙视失败，害怕失败。造成的结果就是大家一窝蜂地都去抄袭别人，让别人先走，然后自己再跟上，这样最安全、最保险。人们都愿意随大流，一起去做事。但创新就要做别人想不到的事情，一定是少数派，一定要忍受寂寞和别人的嘲笑，也一定要禁得起失败、出错。

乔布斯今天能够得到很多中国人认可，人们看重的还是因为苹果市值很高，而并非其不畏出错，敢于创新的精神。我们很多企业家只想着挣钱，挣很多钱，没有像乔布斯一样，想着去创造一个前所未有的东西，去改变世界。

当代最受推崇的创新代表，莫过于美国加利福尼亚州帕罗奥多的 IDEO 设计公司，它在旧金山、芝加哥、波士顿、伦敦和慕尼黑都有分公司，业务主要包括产品设计、设计顾问服务、环境规划等，是世界上最活跃的大型设计公司之一，在许多设计领域有其影响力。其最著名的设计作品是苹果电脑和微软的第一个鼠标、PDA 的经典机种 PalmV，以及 Steelcase 品牌下的 LeapChair。其主要客户是 Procter&Gamble、百事可乐、微软、EliLilly 和 Steelcase 等知名企业。

IDEO 设计公司是美国商界最感兴趣的公司之一，原因就是因为这家公司有一种不怕出错、失败的文化。公司里有一间类似娱乐室的房间，公司不同部门每周都会在这里展示和讨论他们最新的产品和想法。在这个场合，活跃着自由思想，听不到批评的声音。该公司鼓励各种想法，因为这正是创意的来源。它进行许多不同的项目，有时看起来荒诞不经，无用至极，但这对创新来说至关重要。错误是被允许的，并且对创新者来说，错误是不可避免的。爱迪生曾说："成功之前，你需要制造一堆破烂。"能勇于尝试错误才能建立创新型企业，一个惧怕实验带来高成本高风险的企业无法面对时代的洪流。

现代管理学之父彼得·德鲁克，曾用另一种方式说明了失败对创新的重要性。他归纳创新起于两种原因，一种是从运作程序的"不良环节"产生创新需求，二是预判未来需求而产生创新。

在这个新兴技术和市场塑造的新世界与新时代当中，人要活在未来，要期待意外，不要害怕出错，要赢在创新模式。但是在工作中，我们却常常害怕犯错误，担心该做的工作做不好，觉得自己可能会被公司开除等。害怕出错的想法在大脑中相互交叠，如同天空中密布的乌云一样，笼罩着你的工作，时时压迫着你的神经，使你变得神经兮兮，处事盲目，迷失在各种担忧和恐慌的纠缠之中。更糟糕的是，就算没有具体、实际或明显的理由，还是会感到莫名的恐惧。害怕出错的想法不仅会让你的活力尽失，而且会让你不愿意在工作中冒任何风险。

吉姆是一家汽车公司的设计师，但他总是害怕出错。每有一种想法，他总是先想别人会怎么评价他。一想到别人会提出反对意见，会否定他的做法，他就不寒而栗，结果，他的工作成绩总是不能让人满意，致使老板开始考虑他的去留问题。

毫无疑问，吉姆是害怕出错心理的牺牲品。害怕出错，会令人停滞不前，而且使人们的潜能无法正常地发挥。在做工作时，每个人心中都会或多或少的有些担心，担心会出现错误，但一名优秀的员工会鼓起勇气把害怕转化为采取行动。行动能够平抚焦虑不安的情绪，提升人们的信心，在锻炼中不断战胜内心的恐惧。而如果一味地等待、拖延，只会增强恐惧感，让你永远停滞不前。

当你接手一项你没有把握的工作时，即使第一次没做好，也不要被恐惧吓倒，同样要积极地行动起来，可以认真分析一下问题的症结所在，看看自己做的是否符合老板、部门和公司的要求，是否对公司很重要，如果你找不出解决问题的方法，可以与同事讨论或向老板请教，赢得他们的支持，然后再去做。如果工作确实有难度，你还可以将它细分成容易执行的小任务，各个击破，一步一步地完成。

当然，对于错误，领导、公司甚至社会都应该给予一定的容忍度。金山软件董事长、小米科技董事长、天使投资人雷军曾说："创新就是做别人没做过的事情，整个社会除了要鼓励创新，更重要的是要容忍创新所带来的后果，因为绝大部分的创新都是失败的。"雷军认为，整个社会除了要鼓励创新，更重要的是要容忍创新所带来的后果，因为绝大部分的创新都是失败的，社会上如果没有容忍失败的环境存在，创新是很难持续的。而只有容忍失败的大环境存在，我国的社会和工业才能向前推进。

人们常说："失败是成功之母。"同样，在创新的道路上，不断的出错是创新成功的阶梯。所以，对于那些有想法，想创新的人来说，应该不要犹豫，不怕出错，要积极行动起来，这样成功才会离你越来越近。

## 你不需要别人理解你的做法

伴随着《小时代》的热播，人们对这部电影以及郭敬明的争议也持续不断。郭敬明曾是上海大学的肄业生，曾凭借一部《幻城》将无数懵懂的心紧紧"围"住；他的青春文学自成一派，一直为传统作家所诟病，也一直将传统作家的作品抛在身后，占据畅销书榜的前列；他自己开公司，创办《最小说》担当主编，多次入选福布斯中国名人财富榜，成为中国作家首富。可是，他的成功背后总是伴随着太多的争议，面对争议与别人对自己的不理解，他说："我对任何人的批评，都只有两种应对方式：第一，如果他说得很有道理，那我虚心接受，改正，今后做得更好。第二，如果是因为误解，或者偏见，甚至人身攻击，那就完全没有理睬的必要。一个人的谈吐代表了他自己，这一点，我一直相信。"

知名人士、成功人士做事难以被人理解，更何况是我们普通平凡之人呢？在社会生活中，每个人都需要别人的理解，每个人也都希望甚至是渴望得到别人的理解，人们常常把理解二字挂在嘴边，但是事实上，有谁能够真正的理解谁呢？

有时候你虽然能够理解别人，能够换位思考，理解别人的感受，但是别人未必会理解你，理解你的心情，理解你的做法，所以你会感到失落，感到压抑，感到烦闷。不过你可以这样想，我为什么一定要让别人理解你呢？不被理解又何妨！

人们常说，理解是感情的纽带，是心灵的桥梁，可以沟通你我。但是，世界之大，人世复杂，你如果想让你做的每一件事都被别人理解的话，未免太强求了！每个人都有自己的生活方式、生活经历，也有自己的性格、兴趣、特长等，你有你的成功，我有我的坎坷；你有你的宏图大志，我有我的个人追求。每个人的思想不同，所以不被别人理解也是正常的事情。因此当别人不理解你的做法的时候，请千万不要太在意，也不要勉强别人都能理解你。只要你认为你做的是对的，就坚持自己的路吧！正如太平洋建设集团创始人严介和在谈及自己创业路途中的感想时所说的那样："今天有朋友问起，我风雨兼程地一路走来，让我最有成就感的是什么。我说，那莫过于我受到的巨大争议。最优秀的人，受到的争议总是最多的：历届美国总统，支持率都在40%左右，60%的人是反对他的。因为思想超前、敢于创新，优秀的人必然得不到大众的理解，因为创新就是违规，创造就是破坏。然而能够推动社会进步的，恰恰就是这些争议最大的、优秀的群体！真理往往掌握在少数人手里，如果掌握在大多数人手里，那还有真理可言吗？"

现在的社会，不理解的现象处处存在：年轻人不理解老年人，说他们过于保守，老年人不理解年轻人，说他们太过于开放；喜欢安静的人不能够理解舞厅里的疯狂，爱好热闹的人无法理解一个人在墙角读书的乐趣。虽然说他们都不能理解对方的生活方式，但也不会去干涉对方，何苦要相互力争，分个胜负呢？你我各过各的生活，各走各的路，谁也不用管谁，谁也不妨碍谁，只当是擦身而过的陌生人吧，彼此的风格不同，虽然相互不能够理解，但依然还是微笑地面对生活。

但丁说："走自己的路，让别人说去吧！"这句话相信几乎每个人都听过。

不错，走自己的路，追求自己的梦，何必太在乎别人的想法呢？又何须让别人理解你的做法呢？自古以来，那些成功人士，都是性格的强者，他们独立独行，完全不在乎别人的眼光，不在乎是否被别人理解。只有那些弱者才会渴求别人理解自己，当自己不被别人所认同时，便会觉得很痛苦，甚至有时会陷入苦痛之中而不可自拔。只有弱者才会太在乎别人的想法，整天都在担心别人对自己的态度，弄得自己心神不定，最终碌碌无为，不敢走自己的路，放弃了自己的生活追求，失去自己的个性，从而也失去了自己存在的价值，成为平平庸庸的人。

当然，能够被理解固然好，但如果自己的做法不被别人理解，也不要强求别人，更不要因此而丧失了自己的个性。洒脱一点，继续走自己的路。自己理解自己，自己追求自我，超越自我，这就已经足够了。

## 工作前几年，挣钱不如挣经验

两个人流落到了一个人迹罕至的荒岛上，所带的食物没有了，而要返回更是不可能的。正在绝望的时候，他们遇到了一个钓鱼的老人。老人手里拿着一只钓鱼竿，鱼篓里有一些鱼，他们立即向老人求救。老人问如何才能帮助他们。其中一个人向老人要了很多的鱼，另一个则求老人教会了他钓鱼的技术。

看到这里，你应该能很容易判断这两个人哪个更聪明一些了吧。那个要"鱼"的小伙子虽然暂时免了垂钓之苦，但鱼总有一天会被吃完，到那时他该怎么办呢？而那个要"渔"的小伙子虽然垂钓辛苦一点，可是他一辈子都不愁没鱼吃。

这个故事对于那些刚刚走进职场的人来说非常适用。进入职场的前几年，正是求"渔"的好时机，不要满眼都是"鱼"，应该把目光放得长远一点。等学会了"渔"，还怕将来没有"鱼"吗？工作的过程实际上就是"钓鱼"的过程，在这个过程中还能摸索和判断哪些地方"鱼"多，与其他"钓鱼者"如何处理关系。在这个过程中，渐渐独当一面，摆脱"工作"的束缚，直奔自己的事业，该是多么美好的一件事情。

刚刚进入职场的年轻人，千万不要把工作和事业、理想混淆了，千万不要太看重目前工作给你带来的经济利益。很多刚入职场的人都会对最初的几份工作都不太满意。其实，这个时候的工作应该是能让你增加经验、处世方法、技术能力和机遇等有利于你长期职业发展的东西的。与它们比起来，薪水恰恰是最不重要的。这仿佛就是一个关于"鱼"与"渔"的选择。

聪明的人看重的是技能和经验，愚蠢的人只会往里面装"鱼"。"鱼"总有一天会被吃完，可是技能和经验却是永恒的财富。所以说，当你刚参加工作后，不要太在意工资的高低，要注重的是经验的积累。经验是一个人一生的财富。不要因为工资太低而放弃学习实践的机会。挣钱虽然比较实惠，一旦失去了这份工作，再也不会有一分钱的收入，这样看来，只注重挣钱并不是长久之计。经验虽然看起来没有任何价值，但当你失去工作，想要重新开始的时候，经验就成了你巨大的财富和资本，它可以让你在接受新工作的时候，根据自己丰富的人生阅历，做出正确的抉择，从而很好地胜任工作。

张明明是一名应届毕业生，刚刚步入社会的她正憧憬着美好的未来——身穿职业装的她正精神抖擞地坐在办公桌前，这是一份相当体面的工作，而且工资待遇又高。这些工资不仅把多年来父母供养自己的血汗钱挣了回来，又让自己买了车、买了房，过上了好日子。但是到了招聘会上忙碌了几天后她才发现，现实与想象中的差距太大，好工作并不像自己想象中那么多，好不容易看上的工作，待遇也并不是她预料中的那么高。她想不通，自己既有专业知识，又有高学历证书，为什么拿到的工资还不如普通的农民工。

在失望与困惑中，张明明又奔波了几天，终于有一家相对不错的公司有用她的意愿。在面试环节，考官问她期望的工资是多少时，张明明非常高兴，认为自己想要多少公司就会给她多少。于是她告诉考官，自己学历高，有知识，有技能，试用期月薪不能低于五千元，试用期过后，工资还要提上去一些。考官听后笑了笑，说了一句"你凭什么要这些"就把张明明给打发了。

在当今社会，挣钱并不是有学历就行，更重要的是要看一个人的能力，而能力最重要的体现就是经验的积累。没有经验，即使学历再高，也不一定能够很好地胜任工作。反之，那些工作经验丰富的人，即使学历不是很高，知识不够专业，但因为经过了长期的实践，对工作的把握要比刚出校门的高才生强得多。这就是为什么刚参加工作的年轻人不能只注重挣钱的原因。

赚钱，并没有人们想象的那么容易，更不是道听途说，随便就有人愿意花高工资用你。许多拿高工资的人都是从零收入开始的。当你拥有了丰富的人生经历，在工作上有了经验，你所得的收入自然会随之增加。初入世事的年轻人，在人生阅历这方面几乎为零，工作经验更谈不上，当然不会有想象中的高收入。

与张明明相反，小曼面对工作难找、待遇低等问题有自己的看法。她虽然品学兼优，还担任过学生会干部，但没有将这些当成资本，在找工作的时候，也没有把薪水放在第一位。她认为刚入职场应该多学些为人处世的方式方法，锻炼自己的能力，同时还要积累工作的经验，为以后的发展打下坚实的基础。抱着这样的心态，小曼选择的第一份工作就是销售。这项工作不仅辛苦，而且有时候连基本工资都保不住，但她认为这份工作能锻炼与人交往和沟通的能力，做得好还能积累一定的人力资源。她于是接受了这份挑战，并且凭借自己的能力，在这短短的几个月里，积累了许多销售方面经验，也总结了许多与人相处的技巧，收入也比原来翻了几番，不久便升为销售主管。

当所有的人都在羡慕小曼的成功时，她却毅然辞去了销售主管的职务，创建了自己的公司。过去的工作不但让她对公司的运营周转有了深入的了解，更让她在公司一开始就有很多熟悉的客户资源，公司一开始便顺顺利利，有声有色。

忠告那些刚工作不久的员工们，请抛开急功近利的想法吧，不要盲目地为追求高薪或其他眼前利益而心浮于事，要学会吃苦耐劳，并盘算自己的未来。不要看轻你现在所做的每一份工作，珍惜眼前，即使它看起来很卑微、看起来似乎跟你的理想没有任何联系，也不要在乎自己付出了多少，而应该在乎你实际得到了什么，当然，得到并不是指金钱上的收益，而是经验。

## 找不到适合的工作方法，再忙也是白搭

在深山老林里，有一个年轻的伐木工人开始了他的新工作——伐木。他的斧头十分锋利，而且身体强壮，精神矍铄，在上班的第一天就砍了 10 棵树。第二天，他一样努力地工作，事实上，他觉得比第一天工作更努力，但是只砍了 8 棵树。他想：明天我一定要早一点儿开始，所以他提早就上床睡觉了，以备第二天早起。到了第三天，他尽全力工作，但是只砍了 7 棵树。又过了一天，数目减少为 5 棵树。到了第五天，他只能砍倒 3 棵树，而且在黄昏之前就觉得筋疲力尽了。

隔天早上，他又在费力砍树，一个途经此地的老人问他："你为什么不停下来磨一磨斧头呢？"他回答："没时间，我正忙着砍树呢！"

一直以来，勤奋被许多人当成了通往成功的唯一途径，勤奋的信念被无数希望成功的人所信奉。但是，事实上很多非常勤奋的人最终都是一事无成，而成功的人往往是"懒汉"。所以说，成功者与失败者的区别，并不在于是否勤奋。许多成功者既不是那些最勤奋的人，也不是那些知识渊博的人，而是那些拥有智慧、

懂得如何工作的人。勤奋的人外表看起来很让人敬佩，因为他们兢兢业业。但等他们老了，却感到自己的一生过得并不精彩。

加拿大渥太华有一家宾馆，主人名叫汉夫特，素以"懒惰"著称，凡是能让手下干的事，他绝不亲自去做。宾馆业务非常忙碌，他自己却整天悠闲自在。有一年元旦，他让宾馆全体员工分别评选出了 10 名最勤快和 10 名最"懒惰"的员工。汉夫特将 10 名最"懒惰"的员工叫到他的办公室。这些员工心里忐忑万分，心想大概要被炒鱿鱼吧。但是令他们没料到的是，汉夫特开口就说："恭喜你们被评为本宾馆最优秀的员工。"

这些员工十分诧异，一个个目瞪口呆。汉夫特微笑着解释说："据我观察，你们的'懒'突出表现在总是一次就把餐具送到餐桌上，习惯一次就把客人的房间收拾干净，一次就把工作干完，讨厌多走半步路，讨厌做第二次。因而在别人眼里你们整天闲着，在偷懒。但依我看，最优秀的员工全无例外地都是'懒汉'，因为他们'懒'得连一个多余的动作都不会去做。而勤快员工的'勤'，大多表现在他们整天忙忙碌碌，不在乎把力气花在多余的动作上，做一件事不在乎往来多少趟，花多少时间。这样能有效率吗？"

在我们现实生活中，很多人不论是星期天或休假日，都不惜将自己全部的精力放在工作上。一旦工作中断，他们就像丢了魂似的，六神无主。他们做事复杂，脑子里的弦总是绷得很紧。一旦上级不赏识自己，他们便生怨恨之心，抱怨上级有眼无珠，看不见自己的努力，最终导致心理不平衡。可是，这种人往往得不到重用，这是为什么呢？

有这样一则故事：有两只蚂蚁想翻越一段墙，去墙另一边寻找食物。一只蚂蚁来到墙脚，不假思索地向上爬去，可是当它爬到大半时，就由于劳累、疲倦而跌落下来。可是它不气馁，一次次跌下来，又调整一下自己，重新迅速地向上爬去。而另一只蚂蚁则是先观察一下，决定绕过墙去。很快地，这只蚂蚁绕过墙来到食物前，开始享受起来。第一只蚂蚁仍在不停地跌落下去又重新开始。

这则小故事就回答了上述问题，光有勤勤恳恳是不够的，找到合适的方法才是最重要的。还在上学的时候，许多人把"书山有路勤为径，学海无涯苦作舟"作为座右铭，挑灯夜战，埋头苦读。但我们却常常看到这样的现象：那些学习勤奋的学生，他们除了课堂学习外，晚上经常熬到深夜，甚至课间时间也不放过，但结果成绩平平；而有些同学平时学习很轻松，除了上课和自习课外，经常参加文体活动，相对那些勤奋学生投入的时间很少，学习成绩却很好。这两类学生在学习上一个事倍功半，一个事半功倍，这样的反差是什么原因造成的呢？或许有智力上的因素，但是更重要的是学习方法的不同。

工作之后，这样的情况更加突出：有的人工作很认真，每天从早到晚总是忙个不停，但是效率很低，还常常加班加点来完成工作，工作绩效平平；有的人平时很少加班，能用较少的时间来完成工作，绩效却相当好。对于前者，或许最初上司会因为你的刻苦努力而欣赏你，但是长期下来，由于工作获得的结果始终不佳，你的努力几乎都是白费。当今职场，是一个重视过程、更重视结果的地方。所以，方法比勤奋更重要。

很多时候，寻找合适的方法比努力更重要。也许选择了一个正确的方法，成功的速度来得比想象的更快。总的说来，凡是工作不找方法的人，一定是一个失败的人；而凡是找方法并能付诸行动的人，一定是一个成功的人，因为他所遭遇的失败只是暂时的。在日常工作中，你一定要把工作的重点放在寻找方法上，如果你忽视这一点，就已经偏离了自己的成功之路，拐到弯路上去了。

未来世界的竞争，比拼的是头脑与智慧。所以，不要再只闷头做事了，多停下来用点儿脑筋寻找工作方法吧。但现实生活中，"每天都很忙，可却是忙而无功""自己感觉已经付出了很多，但得到的却是老板的责骂""平时没有一刻空闲，但到总结工作时却说不出完成的成果""早已身心疲惫，但觉得还一无所获"的人很多。他们不去寻找合适的工作方法，在不知不觉的磨磨蹭蹭中浪费了宝贵的生命。所以，我们在工作中一定要善于找干好工作的方法，要做一个有头脑的人，而不要整日地漫无目的地忙碌着。

## "发现问题"还不够，更要"解决问题"

一位工匠到某人家里做客，看到主人家有很多木材，院子中间有一个很大的灶台，烟囱是直的，工匠便对主人说："你应该把烟囱改为拐弯的，使柴草远离烟囱。不然的话，将会发生火灾。"主人听了没有引起注意。不久，主人家里果然失火，邻居们一同来救火，幸好火势不大，很快就把火扑灭了，损失很小。于是，主人杀牛置办酒席，答谢邻人们。他将因为救火被烧伤的人安排在上席，其余的按照功劳依次排定座位，可他却没有想到当初提醒他防火的工匠。

这就是成语曲突徙薪的故事。许多人都为那名工匠鸣不平，但也有人指出，发现问题还不够，更要解决问题，否则结果和没有发现问题一个样。松下幸之助说过这样一句话："工作就是不断发现问题，分析问题，最终解决问题的一个过程——晋升之门将永远为那些随时解决问题的人敞开着。"他的话道出了工作的本质。工作就是解决问题，工作的实质就是凭借我们自身的能力、经验、智慧，去克服困难，解决那些妨碍我们实现目标的问题。

不可否认，问题时时刻刻存在，而且就在我们身边。学生发现作业题计算错了，员工发现统计的数据有误，老板发现要推出的产品没有市场等等。成功者会遇到问题，失败者也会遇到问题，世界上不会遇见问题的人大概只能是死人了。

发现问题后到底该怎么办呢？有人害怕问题，无视它；有的人则沉溺于发现问题的成就感中，不断地夸耀自己的洞察力；有的人则会在第一时间采取措施，尽量减小损失。问题人人都会遇见，你如何对待问题，决定你到底是一个成功者还是失败者。要知道，问题不会自己消失，逃避问题只能让它积累，唯有解决问题才是明智的选择。

善于发现问题的确是一种能力的体现，但最重要的是要立即行动，把损失降低到最低点。出了问题是不能等的，也许别人有可能帮你解决，但未必是在第一时间，如果错过了解决问题的最佳时机，后果将不堪设想。最好的办法是，一旦发现问题，迅速着手，不惜一切代价将其解决，只有这种方法成本最低。问题解决得越早，造成的损失越少，后果的危险性也越小。防微杜渐，是经典的古训。

被媒体誉为打工皇帝的中国第一职业经理人唐骏，在他离开微软之前还被比尔·盖茨授予"微软终身荣誉总裁"。曾有人问唐骏，他在微软的成功靠什么？唐骏的回答是："其实在公司里，我们经常会发现各种问题。面对问题，很多人选择了抱怨，也有人选择了汇报、提案，但这些都还不够，我要做的就是把解决方案做出来。"

加入微软后，唐骏在工作的过程中发现，Windows 的中文和日文版本要比英文的滞后一年。于是唐骏向上层建议：在发布英文 Windows 的同时，发布中文版和日文版。其实这个问题微软高层都知道，很多员工也提出过很多的建议和改革方案，但是就是没有一个人真正从技术上来解决这个问题。唐骏明白：只会向老板提意见的人，老板肯定不会喜欢，因为他们显得太挑剔；提出问题又拿出解决方案的人，老板会对其产生好感，但也不会就此重用，因为他们终究是纸上谈兵；老板真正需要的是能拿出来实实在在的结果的员工。

于是，唐骏开始了自己的研究，他利用业余的时间将自己的开发模式进行反复的验证，并得到了完全可行的结果。之后他将自己研制的成果上报给公司，微软公司经过 3 个月的反复验证，终于实现了所有语言版本的同时发布，解决了长久以来困扰微软的一大问题。

唐骏解决了困扰微软多年的问题，这一举动不仅为微软带来了巨大的经济效益，更为自己赢得了良好的机遇。就是这一成果，使一直在微软底层默默无闻的小职员，脱颖而出得到了微软上上下下的一致认可，也真正地进入了比尔·盖茨的视野里。

作为职场中人，善于发现工作中的问题固然难能可贵，然而，只做到这一点还远远不够，因为企业更需要的是解决问题的人才。只有把两者完美地结合起来，你才是最受企业欢迎的员工。

正视问题、解决问题，才可以不断前进。假如一个人希望在工作中"没有问题"，试图回避现实，说明这个人没有正确的工作态度，不明白工作的实质就是解决问题。在工作中，有许多员工一遇到问题，就会搔着头去找老板，但是他们忘了：老板任用你就是要你来解决工作中的问题的，假如你碰到了问题，总是想："真难，问问老板该怎么做。"那么，你的职业生涯就算到头了。

在职场中，曾流行着这样一句话，叫"问题到我为止"。这句话既体现了一种解决问题的积极心态，也指明了一种如何正确面对问题的方法和技巧。我们生活在一个问题无处不在的环境里，每天都会面临着各种各样的问题：外部的，如市场不景气，同类产品太多，顾客太挑剔；内部的，如领导不支持、同事不配合、制度不健全、流程不完善……面对问题，如果我们的关注点只是抱怨、指责，找各种各样的原因为自己解脱，那我们将与成功永远无缘，有很好的职业发展的机会也就更无从谈起了。

那么职工应该如何提高自己解决问题的能力呢？

第一，主动承担责任。提高自己解决问题的能力的秘诀是尽量多地承担工作，并真正投入其中，坚持不懈，迫使自己的能力得以提高。

第二，做好一件事。知道如何做好一件事，比对很多事情都懂一点皮毛要强得多。一位总统在德克萨斯州一所学校演讲时，对学生们说："比其他事情更重要的是，你们需要知道怎样将一件事情做好；与其他有能力做这件事的人相比，如果你能做得更好，那么，你就永远不会失业。"

第三，客观地审视自己并加以完善。要想使自己的能力得到提高，就必须首先正视自己。比如说对照自己做一番客观审视，观察一下哪方面还不错，哪方面值得注意。一定要在需要改进的地方，无需他人指正就能够进行自我完善。有发展前途的人是那些了解自己并能够正视自己的人。具有这样意识的人才能在工作中步步提高。

第四，制定目标激励自己。一名解决问题能力很强的员工，总是密切关注企业的经营方向，着眼于未来，确定目标。并且为了实现这个大目标为自己设定若干个小目标，并启发自己为了这个目标而努力。员工工作中有目标，自然会朝着这个方向努力。每一个人在潜意识里都会有自我实现的愿望，员工为自己树立一个工作目标是发挥自己潜能、提升自己工作能力的重要途径。

第五，勤于思考。解决问题能力比较强的员工都特别善于思考。思考是成长的惟一方法，思考是人类作为高级动物的特征。优秀的员工经常面对问题去思考，在思考中得到成长，在思考中找到工作的方法，在思考中领悟工作的快乐，解决问题的能力也在思考中得到进一步的提升。

我们不妨想象一下，如果一名餐厅服务员遇到了问题——餐厅无法提供顾客所需的饮料时，他的反应是：抱怨顾客多事；将问题传给他的经理；埋怨餐厅提供的饮品太单一……那他会从众多的服务员中脱颖而出、得到晋升吗？任何一个单位都希望员工能够承担起他应该承担的职责，希望员工能够有一双敏锐的眼睛来发现问题，并以强烈的个人责任感去面对问题、解决问题，而不是成为问题的一部分，或当个二传手，将问题传给别人。如果在面对问题时，我们每个人都能够自问："我能做什么？"，并积极付诸行动，而不是在指责他人、抱怨环境，都能够挺身而出，以"事情从我做起，问题到我为止"的大无畏情神面对问题、解决问题，那我们将成为职场中发展最快的职业明星。

企业经营的过程就是不断地发现问题、解决问题的过程。企业发展的程度取决于员工解决问题能力的高低。一个员工的智商再高，人际关系处理得再好，如果缺乏解决问题的能力，那也不会受到企业的青睐。所以我们不仅要"发现问题"，还要学会解决问题。

## 善于自我控制，让时间听从自己的安排

日本"保险推销之神"原一平身材瘦小，相貌平平，这些对于推销员来说，都是非常不利的因素，不过为了实现他的梦想，原一平全力以赴地工作，力求一点时间都不浪费。他早晨5点钟睁开眼后，立刻开始一天的活动：6点半往客户家中打电话，最后确定访问时间；7点钟吃早饭，与妻子商谈工作；8点钟到公司去上班；9点钟出去推销；下午6点钟下班回家；晚上8点钟开始读书、反省，安排新方案；11点钟准时就寝。这就是他最典型的一天生活，从早到晚一刻都不停地工作，把该做的事及时做完，从而最终摘取了日本保险史上的"销售之王"的桂冠。

同样是在工作，有些人只知道勤勤恳恳、循规蹈矩，终其一生也无法取得很大的成就。而聪明的人却在努力寻找一种最佳的方法，在有限的时间内将才智充

分发挥，提高工作效率，将工作做到最完美。

要想提高工作效率，就必须管理好时间，有效地管理时间可以极大地提高工作效率。每个人只有有效地管理自己的时间，才能有效地提高自己的绩效。而掌握时间最好的方法，就要先从避免时间的浪费做起。每完成一件事都需要时间，而时间是有限的。为了保证足够的时间来从事有价值的事情，在时间管理方面，你必须减少不必要的浪费，诸如，闲聊、无效的会议、在网上闲逛、抽烟、过度喝酒、看无聊的电视剧……你必须对自己实施强有力的自律，让自己远离这些侵吞时间的窃贼。

美国一家权威的人类行为研究中心曾做过这样一个实验和追踪：他们以 500 名 4 岁儿童为对象，研究者们将一颗非常美味的水果软糖放在孩子面前，并告诉他们说："你可以吃掉这块糖，但如果在我回来之前你没有吃掉的话，我将再奖赏两块给你。"说完就离开了。实验的结果为：有 34% 的儿童在研究者回来之前吃掉了糖；另外的 66% 则克服了诱惑，没有吃掉糖，从而获得了额外的奖赏。

实验并没有结束，随后，研究者们对这 500 名孩子进行长期跟踪与观察，发现那些成功克制诱惑的孩子在以后的个人发展中较那些难以克制诱惑的孩子取得了更好的成绩。这一研究结果表明，人的自律能力影响着个人的发展。自律能力强的人，通常可以取得较常人更为出色的成绩。

事实证明，那些事业成功的人往往是善于自我控制的人，可以让时间听从自己的安排。一天的工作时间，只有 8 个小时，说少不少，说多也不多。但怎样在这 8 个小时内快速高效地完成手头的工作，这实在是个很考验人的事情。一天的工作什么时候才算完？许多人回答说是："永远没完"，每天一上班，他们就被忙不完的工作搞得晕头转向，疲于奔命，却不知提高工作效率才是唯一的解决途径。

为了完成更多的工作，许多人确实试图延长他们的工作时间，但那意义不大。工作不是固体，它像是一种气体，会自动膨胀，并填满多余的空间。因此，时间管理专家并不鼓励你为忙完一天的工作而延长工作时间。例如，到下班之时一个计划还没写完，也许你会自然地对自己说："我会在晚上把它写完。"因为你把晚上当成了白天的延伸。这不仅影响家庭和社会生活，还降低了工作效率，你成了整个事件中唯一的受害者。

另外还有一些人，他们也有许多事情要做，但他们却能在工作和个人生活之间保持一种健康的平衡。这些职场精英的秘诀就是：在工作时保持高效，从而得以在合理的时间内离开办公室。如果你做不到这点，就会精力不济，创造力低下，最终危及健康。

时间是公平的，成功的人并不能获得更多。但是，有些人用同样多的时间做了比别人更多的事，因为他们能够做到自我控制，让时间听从自己的安排，这种方法是我们需要学习的，它可能是成为高效能人士最有价值的工作方法。

很多人认为自我控制能力是与生俱来的性格特征，后天几乎难以培养。事实上，自我控制、耐性、坚持不懈这些美好的品质并非天赋，它们都可以通过后天的训练和培养来获取，只要你愿意改变，并且对此深信不疑，都可以具备这些品质。因此，作为职场中人，如果你认为自律性很差，不能让自己成为时间的管理者，那就应该多方面加以训练。比如下面的一些方法，也许可以助你一臂之力。

第一，降低外界干扰。不要让意外的电话和会议打乱你的工作计划，从而使你不得不加班。为控制干扰，可以每隔几个小时而不是每隔 10 分钟查看一次你的电子邮件；将电话转为语音邮件，只回复那些确有急事的电话；要求将会议安排在你方便的时候召开。

第二，不要在工作时间干私事。一些职场中人比较放任，喜欢在工作时间做些私人事情。其实，在工作时完全不考虑私人事情可能很难做到，但你要提前对这种影响工作效率的个人事情进行统筹安排。如果你将很多时间用在与工作无关的事情上，那么晚上要加班就是不可避免的。

第三，充分利用你的技术设备。俗话说"磨刀不误砍柴工"，对办公设备进行升级可以使你更为有效地工作，从而使你可以按时回家。例如，一台性能强大的电脑可以使你更快地进行网页搜索或是同时运行多个应用程序。还有要充分利用办公自动化设备来完成工作任务，这样会减少手工操作，使你获得更多的时间。

另外，很多成功人士指出：如果能把自己的工作内容清楚地写出来，就能够很好地进行自我管理，就会使工作变得有条理、有顺序，从而使效率得到很大的提高。只有明确自己的工作是什么，才能认识自己工作的全貌，才能从全局着眼，防止每天陷入纷繁杂乱的事务中。

对于企业来说，时间是一种相当宝贵的资本。在某些情况下，时间资源所获得的收益比资本和劳动力两项资源所能获得的收益要大得多、重要得多。很多企业正是由于对时间不够重视、行动迟缓，从而与商机失之交臂，失去了发展的机会。

## 用尽可能小的成本，给老板一点惊喜

王永庆，被人们称为"经营之神"，与之同样为人们所赞誉的是他的节俭精神。节俭、降低成本，一直是王永庆经营企业追求的主要目标。他强调，要谋求成本的有效降低，必须分析在影响成本各种因素中最本质的东西，也就是要做到"单元成本"的分析。只有彻底地把有关问题一一列举出来检讨改善，才能建立一个确实的标准成本。

王永庆有一个著名的"鱼骨理论"：任何大小事务的成本，要对其构成要素不断进行分解，把所有影响成本所可能考虑到的因素全找出来，达到像鱼骨那样具体、分明、详细。

1979 年，第二次石油危机爆发，全球油价迅速上涨，台湾受此影响先后两次调高油电价格，台塑的年能源费用从不足 54 亿元一下增加到 70 多亿元。王永庆马上决定在集团内全面推动能源节约运动。首先从用电量较大的灯管开始改善。台塑集团共有 10 多万只双管日光灯，用电量很大，加装反射灯罩后，两支灯管减为一支，照明度不减反而增加。这项措施虽然投资 600 万元，但一年节省的电费就高达 7000 万元。

在"王永庆法则"中：每省下一元钱，就意味着赢利一元钱。这样的经营模式，是台塑集团无论经济繁荣还是经济衰退都能屹立不倒的秘诀。

古人云"成由勤俭败由奢"，勤俭节约一直是中华民族优秀的传统美德。而今，古人的节约哲学依然适用，该花的钱一定要花，不该花的钱一定不能花。在企业中，成本是魔鬼，必须要像拧毛巾把水拧干一样把它挤到最小。每节约一分钱，企业就增加一分利；每杀死一个成本，企业就增加一倍利润！金融帝国花旗银行的 CEO 桑迪·韦尔就是个压缩成本的偏执狂，他甚至会对一张纸的浪费暴跳如雷。对于他能看到的每一件可能浪费成本的事情，无论大小，他要都要雷厉风行不顾一切地否决。

精打细算，虽然看似有点"抠门"但作用很大。世界上许多著名的公司都有这种看似抠门的习惯。丰田公司在办公用品的使用上节省得近乎苛刻，譬如公司内部的便签要反复使用 4 次，第一次使用铅笔，第二次使用水笔，第三次在反面使用铅笔，第四次在反面使用水笔。沃尔玛公司采集样品的窗口上，赫然写着"标签不可做他用"的提醒。在沃尔玛简朴如大卖场的办公楼里，员工不止一次被告知："出去开会，记得要把公司的笔带回来，因为笔是要以旧换新的，平常用的纸，记得要两面用完再丢弃，因为浪费实在可耻。"

也许有人会说，"节约是公司的事，是老板的事，我那么节约干什么？老板又不给我加薪"。的确，节约是公司自己的事，但作为公司的一员，个人的节约意识可以让公司多一个可以依赖的员工。可以说，每一个员工的行为对公司都有着最直接的影响。

俗话说"众人拾柴火焰高"，每名员工节约一点儿，那么全公司累积起来就是不小的数量。注重节约，养成良好的节约习惯，也对员工自身良好习惯的培养、文明生活方式的形成有利。作为公司的一员，你的所作所为代表着公司，别人从你的身上能看出公司的"品格"和"素质"。因此，树立节约意识，无论对于企业，对于个人都有益，也十分必要。

在享誉全球的大企业里，越优秀的员工，越懂得以公司为家。也正是那些以公司为家的员工，造就了一个又一个强大的企业。当企业中所有员工都能意识到成本控制的必要性和合理性的时候，就能把公司的利益放在首位，自觉地为老板省钱，进而他们就能以成本控制为准则，更为严谨地处理日常工作。这样一来，将大大提高企业的竞争力。

对于员工而言，要想得到老板的信任和器重，就必须从老板的角度出发，处处为企业着想，事事为老板省钱。会为企业省钱的员工，本身就是公司的一笔财富，他们永远是最受老板欢迎的员工。会为企业省钱的员工，会在工作中认真思考怎样才能更节约，对于自己工作的结果与效果总是格外在意，总是能少花一分钱就少花一分钱，不愿意自己有一丁点儿的浪费。这样的员工在工作中也会一丝不苟，尽量避免给企业带来浪费。有这样的员工，老板怎么能不喜欢，在同等条件下，他肯定会优先录取、重用能竭力为企业省钱的节俭型员工。

每一个管理者，都喜欢能够为企业省钱的员工；而每一名优秀的员工，都会

一切从企业利益出发，总是在工作中厉行节俭。现如今越来越多的企业都在努力培养员工勤俭节约的意识——要求员工在事业上拼搏进取，在工作上要吃苦耐劳，在生活上要量力而行，自觉克服贪图安逸、追求享受的思想。企业的发展壮大需要这样的员工，员工也应该把节俭当成立身做人之本。

拉一下灯，省一张纸……把公司的财产当作自己的财产来珍惜，也许只不过是举手之劳，但千万不要小看它，这直接关系着每一个员工和公司的前程。请将自己视为公司的主人，时刻秉承厉行节约的原则，为公司创造财富，给老板一点惊喜，这也是为自己的职业发展铺垫道路。

## 一个人的自信是非常有渗透力的

墨西哥女子罗马纳·巴纽埃洛斯，出身贫寒，16岁便结婚生子，生活同样充满艰辛与坎坷。可是没有人想到，在历经磨难之后，她却成了美国第34任财政部长。这一切都源于她的积极自信和对生活不服输的态度。在困难面前，她总是勇敢地说："相信自己，我能！"

罗马纳·巴纽埃洛斯结婚生子后不久，丈夫就离开了她。她虽然独自艰难地支撑家庭，但从没有放弃对美好生活的追求，她决心要为两个孩子创造一个舒适的家。几经周折，她带着仅有的一点资产来到了美国得克萨斯州的埃尔帕索。她从洗衣工做起，起早贪黑，每天仅能赚1美元，但是她从未放弃过追求一种受人尊敬的生活的念头。后来，她又怀揣7美元，乘公共汽车来到洛杉矶寻求发展机会。她努力工作，拼命攒钱，在攒下400美元后，就和姨妈一起买下了一个烙饼店。小店生意红火，不久就开了几家分店，后来她成了全美最大的墨西哥食品批发商，下属有几百名员工。

这位年轻而又勇敢的墨西哥妇女认为自己还可以做得更好，她说："我需要拥有自己的银行。"于是，便和很多朋友在洛杉矶创办了自己的银行。当然，在创办银行的时候，很多人，包括专家都对她提出了质疑，但她非常自信，她认为只要努力就一定能够成功。在她的坚持和努力下，自己的第一家银行终于创办了。同样，她用自信和坚持，成为了美国第 34 任财政部长。

罗马纳·巴纽埃洛斯的成功源于她坚持不懈的努力和伟大的梦想，更源于她对自己坚定的信心和"相信我能"的决心。她的成功成为人们心中的神话，她的签名曾无数次地出现在美国货币上，她也成为无数人崇拜的对象。当别人问她是怎么成功时，她总是笑着说："因为，起初我就认定自己能够成功，所以，我成功了！"

俗话说得好："世上无难事，只怕有心人。"每个人心中都有一个伟大的梦想，在我们为之努力奋斗的过程中，总会遇到这样或者那样的困难和挫折。不同的是，有的人紧咬牙关挺过去了，有的人则是在失败思想的驱使下，做了一个"向后转"的动作。挺过去的人是积极自信的人，认为自己不能的人则通常缺乏信心。

自信是一切事情成功的基础，是一个人成功的助推器。只有充分地认可自己、相信自己，才能走向成功。没有做，怎么知道能还是不能呢？积极自信的人会肯定自己的能力和价值，他们乐观、开朗、积极向上，从不向困难低头，从不会轻易地说"不能"。

曾有这样一个实验：一名研究人员在一所大学里选出一批优秀的运动员进行测验，为了研究的需要，将这批运动员分为两组。第一组到达指定地点后，开始测验，无论他们多么努力，最终都失败了。这位研究人员走到第二组运动员的旁边说："虽然他们失败了，但你们一定能够成功，我手里拿的是一种新研制的药丸，只要你们吃下去，就能够超水平发挥。"结果，第二组运动员都顺利地通过

了测验。

测验结束后，一个运动员问："你给我们吃的究竟是什么神奇的药丸啊？""呵呵，不过是一些普通面粉制成的药丸而已。"研究人员微笑着答道。

第二组运动员之所以能够成功，是因为有人告诉他们，他们一定能。真正帮助他们的不是什么神奇的药丸，而是他们自己的心态和信念。

自信是非常有渗透力的，那么自信表现在哪里呢？心理学家指出，一个人要是走路时步履坚定，与人交谈时谈吐得体，说话时双目有神，目光正视对方，善于运用眼神交流，就会给人自信、可靠、积极向上的感觉。

一般说来，别人对你的看法，很大程度上取决于你对自己的看法。如果你想表现出一种成功型人物的自信，你必须真实地感受到对自己很有把握，假装的自信是无法掩盖住你那颗动摇的内心的。

自信，是生活、工作中与人交往获得成功的关键所在。法国哲学家卢梭说："自信心对于事业简直是一种奇迹，有了它，你的才智可以取之不竭。"在与人交往过程中，你要表现出良好的情绪智力，要充满信心。你越是对自己充满信心，就越能表现自己的特色和才能，别人才能深信你是一个有能力的、靠得住的人。没有人喜欢那种软弱的、不果断的人，这种人办事时好像根本不知道自己在乎什么或要干什么。

一位心理学家说过："相信自己美的人会越来越美。"因为相信自己美，就会大大方方地从事各种活动，在活动中展示自身的特长；相信自己美，就会心情愉快、活得潇洒。笑脸比哭脸美，自信的人比自卑的人有魅力。

有的人的自信是天生的，有的人的自信是后天训练出来的。那么如何才能培养自信心呢？

第一，经常关注自己的优点和成就。把它们列出来，写在纸上。对着这张纸条，经常看看、想想。在从事各种活动时，想想自己的优点，并告诉自己曾经有过什么成就。

第二，多与自信的人接触和来往。"近朱者赤，近墨者黑。"你若常和悲观失望的人在一起，你也将会萎靡不振。若你经常与自信心强的人接触，你一定也会成为这样的人。

第三，树立自信的外部形象。一个人，保持整洁、得体的仪表，有利于增强自己的自信心。举止洒脱、行为端方、助人为乐、目不斜视，就会有发自内心的自信。

第四，懂得扬长避短。在学习、生活、工作中，要经常抓住机会展现自己的优势、特长，同时注意弥补自己的不足，不断求得进步。这样，你就会提高成功率，也会得到更多的赞扬声，从而增强自信。

第五，给自己确定恰当的目标。目标太低，太容易实现了，不能提高自信心。但目标也不能太高。目标太高，不易达到，反而对自信心有所破坏。

一分自信，一分成功；十分自信，十分成功。自信可以使你从平凡走向辉煌。当你满怀信心地对自己说："我一定能够成功"，这时，人生收获的季节离你已不太遥远了。如果你是一个缺乏自信的人，一定要试着培养自己的自信心。坚定信念，告诉自己：我能！没什么大不了，最多不过从头再来！

# 第四章

# 成功不会因这些"缺点"远离你

性格可以被改变吗？答案是：不可以。俗话说："江山易改，本性难移。"人的性格一旦形成，要想改变几乎是不可能的事。性格就好像从小打在我们身上的烙印，相伴一生，至死不改。那么，有个性就不好吗？答案是：当然不。纵观名人的成长过程，就会发现，他们的成就与其特殊的性格不无关系。或者说，正是那些特殊的性格帮助他们取得了傲人的成绩。

## "唱反调"的是好员工

三国时期，曹操是著名的奸雄，他曾力排众议，出奇兵火烧乌巢，大败袁绍；同样当机立断，北征乌桓，消除了北方之患。然而他在立储问题上却显得犹豫不决。他很喜爱曹植的才华，因此想废了长子曹丕而转立曹植为太子。当曹操就这件事征求谋士贾诩的意见时，贾诩却一声不吭。曹操就很奇怪地问："你为什么不说话？"贾诩说："我正在想一件事呢！"曹操问："你在想什么事呢？"贾诩答："我正在想袁绍、刘表废长立幼招致灾祸的事。"曹操听后哈哈大笑，立刻明白了贾诩的言外之意，于是不再提废曹丕的事了。

不论在古代，还是在现代，在领导者身边总是不乏有一些"唱反调"的人，有的领导者对"唱反调"的态度是把他们视为自己的"眼中钉""肉中刺"，不失时机地给他们穿穿"小鞋"。事实上，如果领导者每天听到的全都是赞美自己的话，听到的都是一致的声音，这反而不是一件好事。每个人都不能保证自己做的事全都是无可挑剔的，所以要想取得成功，必须要能接受反对自己的意见。

同样在三国时期，还有一位被一向自负的曹操认为能和自己比肩的人——刘备。刘备其人，最为人津津乐道的是"三顾茅庐"。即使没有多大的本事，就凭这种尊重人才的品格，就值得尊重。诸葛亮出山之后，刘备与这位二十几岁的年青人共创大业。那时候，他从来就没有拿大，摆出"主公"的架子。难怪陈寿在《三国志》中评说刘备："先主之弘毅宽厚，知人待士盖有高祖之风，英雄之器。"蜀汉能打开当时那样的局面，固然离不开诸葛亮运筹帷幄，但也不能小看刘备的容人之量所起的作用。

然而在后来，关羽大意失荆州，败走麦城，刘备怒不可遏，准备大举兴兵伐吴。这明显是个错误的决定。赵云等人谏阻，他一概不听；秦宓谏阻，又被打入牢狱。这且不说，连诸葛亮上表陈述利害，劝其"别图良策"时，他也竟然掷表于地，说"朕意已决，不得再谏"。连营结寨之时，曾有马良提醒：是否画下布阵之图送诸葛亮过目，此时的刘备又十分自负："朕亦颇知兵法，何必又问丞相？"其结果是兵败夷陵，郁郁寡欢，病逝于白帝城。

我国有个成语叫"从善如流"，意思是说，只要是好的意见，我们就应该听从、接受。这在当今企业中也同样适用。反对领导者的人，想把反对意见传达到领导者那里，是需要很大的勇气的。作为领导者，应该鼓励下属提出反对意见，给"唱反调"的员工一个空间，不管反对的意见正确与否，让其把话先说出来，总憋在心里会造成员工的消极心理，对企业的发展极为不利。

在开明的领导眼中，那些"唱反调"的员工都是好员工。为什么呢？

第一，"唱反调"有利于创新。萧伯纳曾说过这样的话："要知道，创新来自于质疑，来自于对现有产品、现有服务的不满，来自于发掘消费者未被满足的

需求。理性的人，使自己适应社会；非理性的人，使社会适应自己。因此，人类社会的进步，都是由非理性的人推动的。"

创新是社会发展的源泉，也是组织发展的不竭动力。创新是一个过程，在这个过程中所产生的思想、方法、行为等等会与已有的东西产生很大的差距。可以说，创新就是对已有事物的"背叛"和"抛弃"。敢于对人们已经熟悉并习惯的事物进行否定的创新者，必须具备十足的勇气和魄力，才能将创新进行下去。

1983 年，李开复以优异成绩进入卡内基梅隆大学，选择了罗杰·瑞迪为指导导师，攻读计算机方面的硕士及博士，研究方向则为"语音识别"。罗杰·瑞迪是一个卓有成就的计算机专家，是计算机方面最高奖项图灵奖的获得者。当时瑞迪准备组建一个 15 人的团队，用专家系统来解决不特定语者语音识别的难题。但是，李开复学习并实践了不少方法后，就大胆地告诉瑞迪："我对专家系统失去了信心，我认为统计方法可以解决问题。"

李开复提出的方法并不为当时的大多数研究者看好，和导师选择的方法也大相径庭。瑞迪在听完李开复的意见后，并不相信统计方法可以解决类似的难题，但他仍然被李开复的胆识与激情所感染，他郑重地对李开复说："我不同意你的看法，但是我支持你。按你的方法去做吧。"在导师的支持下，李开复每天工作18 个小时，终于在 1987 年底取得了成绩，他把语音识别系统的识别率从原来的40% 提高到 80%，最后又提高到 96%。这一成果使他的研究成为当时自然语言研究方面最有影响力的工作之一，并获得《商业周刊》颁发的"1988 年最重要科技创新奖"。即使在毕业多年之后，他发明的这套系统仍多年蝉联全美语音识别系统评比的冠军。

第二，"唱反调"的员工能促进企业的发展，甚至能挽救公司的危亡。美国北电网络起步时只是一家电话公司的研究机构，但现在已经成为通讯业的巨头。

当这家企业首次涉足光纤电缆领域时，想将研发中的一个主要部分承包给一家日本公司。鲁道夫·克里格勒博士当时为北电网络的工程师，他强烈地反对这项决定，并且与领导进行了激烈地争论。虽然他的反对没有成效，但他仍悄悄组织了一个小组并对已经承包的部分进行研发。在最后的关键时刻，正如克里格勒预料的那样：日本公司没能如期交货，北电网络的声誉和跨入新领域的机会危在旦息，克里格勒用他已经研制出来的设备使北电网络免于此劫。

由此可见，在企业中，有员工唱反调未尝不是好事，只要员工反对的合理，领导就应该关注、采纳。从另一方面来说，既然有员工唱反调，即使是吹毛求疵，那也是企业的管理不到位，存在着问题和缺陷，不能令全体员工满意，需要改进。总的说来，领导想做出正确的决定，企业想长久发展，都离不开那些"唱反调"的员工。

## 不合群者，必有过人之处

"古来圣贤皆寂寞，惟有饮者留其名。"一提到李白，我们就可想到一个飘然不群的诗仙形象，他的豪放、乐观、洒脱，然而，细细读他的这首《将进酒》，又感觉到豪放、飘逸的背后隐藏着孤独和苦闷。年轻时候的李白也胸怀大志，想为国家做一番事业，然而他桀骜不驯，不合群，不会溜须拍马，理想抱负在现实生活无法施展。得到唐玄宗的赏识后，开始异常兴奋，准备大显身手的时候，却发现周围没有一个人是和自己志同道合的，这让欲长风破浪、挂云帆济沧海的李白感受到了前所未有的孤独。他的仕途之路也只得在暗淡中收场。

李白是不合群的，在政治上也是失败的，然而这却不能湮灭他光辉的成就，丝毫无损他"诗仙"的美名，不能否认他在文学上过人的才能。"不合群"是一种真实的存在，是人类生存的方式之一。芸芸众生，不是每一个人都可以享受天伦之乐，体会家庭、爱情和事业的欢娱，很多人在不同的阶段、不同的时期要忍受长期孤独的煎熬、折磨，甚至攸关生死。古往今来，许许多多的成大事者和成功人士都是不合群的，他们独自行走在自己的道路上，凭借自己的才能，闯出了一条光辉大道。

在全世界，"苹果迷"们不计其数，每当一款新机型发布的时候，都会引来无数人排队购买和疯抢；同样，乔布斯的粉丝也不计其数，他离开人世后，《乔布斯传》的销量创下了在 24 小时内增长 37400% 的记录；法国的一家电视台索性把直播现场搬到巴黎的苹果专卖店；日本的"苹果迷"们拥到著名的秋叶原，组成了苹果 LOGO 的造型；世界的许多地方都以不同的形式举行了悼念活动……为此你可能认为，如此"有人缘"的人物肯定是一个平易近人的人吧。

然而你错了，如此"有人缘"的乔布斯其实并"不合群"。更令人惊奇的是，不合群的乔布斯却偏偏获得了成功。当他重返苹果的时候，硅谷里无数中小企业都在做 PC，他却决定另辟蹊径，从 MP3 播放器入手；当人们预言平板电脑将大行于世，并把 iPad 的成功当做平板电脑的成功的时候，他却直言指出："iPad 根本就不是什么平板电脑，iPad 就是 i-Pad"。在人们眼中，电子产品就是单调的数字机器，而他却把生活、时尚、艺术等有机结合在一起，融入到了电子产品中。他说"产品才是最好的广告"，所以苹果的广告从不像其他电子产品那样铺天盖地。他是技术派，却能最先看到新技术中蕴含商机，这就是他总是领先一大步的关键所在——所有这一切，都可归结为三个字：独创性。正如一位业内人士所评论的，乔布斯最伟大之处是他"总想做些和别人不同的事"。

正是因为对独创性的追求和执着，乔布斯才没有像他的竞争对手那样亦步亦趋，最终淹没于众人之中默默无闻；也正是因为这样的"独创性"，"不合群"

的他才总能掘到第一桶金，并独占由自己开拓的全新市场很长一段时间。

乔布斯是不合群的，因此使他的产品具有很强的独特性，在市场中独领风骚，也成就了自己的事业。他也是用自己的实际行动告诉人们：凡是不合群者，必有过人之处。一般而言，"英才"的智商都比较高，但在情绪控制上，仅仅等于甚至低于普通人，所以会出现"不合群"等现象。

不合群的人，往往注意力比别人更强，而注意对人的心理活动有着非常重要的意义。注意越集中，思维活动对知识的加工、整合的效率就越高。人的注意就像一束光，光线越集中，视野就越清晰。

不合群的人，可以更好地配置心理资源。马克思说过，人是社会关系的总和，而不合群就是对社会关系暂时的冻结或阻断。过多地卷入社会关系，过多地涉足情场、球场、酒场，势必耗费时间和精力，这对于一个人的学习、发展乃至创事业都是非常大的损失。而那些不合群的人则很少涉足这些领域，他们会把大量的时间和精力用在发展自己上，这就意味着把好钢都用在了刀刃上。

一个人的不合群，并不意味着他逃避退缩，而是一种对生活的主动选择，是一种人生的智慧和策略。因为不合群，你可以简化生活的繁文缛节，怀里只揣着梦想，一心一意地去实现它；因为不合群，你有了一方属于自己的天地，可以尽情地汲取知识的养分，强硬羽翼，让自己拥有搏击风浪的力量；因为不合群，你远离了世俗的喧嚣，可以聆听到自己前进的足音和有力的心跳；因为不合群，你可以与自己对话，可以清晰地感觉到自己的存在，甚至会发现一个你不知道的自己。

不合群的人往往更容易成就自己人生。无论是做好工作，还是想成就一番伟业，要求之一就是要拒绝浮躁、耐得寂寞。历史上众多的成功人士无不在孤独寂寞中完成对自己的超越与升华。

## 受周围人嫉妒、非议的人大多有能力

"这个圈儿不好混，说不好，观众骂街，说好了，同行骂街。"因迅速走红，郭德纲近年来也是娱乐圈的话题人物，有关他的争议和口水仗从未停息。对于众多非议，郭德纲一笑置之："这很正常，中国的传统文化就是中庸，有些人你表现得比较出头，难免就有人骂你。"

俗话说，"树大招风"。在现实生活中，我们常听到这样的话："工作好做，人难处。"人为什么难处呢？主要在于有些人的嫉妒心很强。如果你工作积极、质量高、有创意，他就会感到不平衡，对你产生嫉妒之心，打击你，背后讲你的坏话，甚至发挥他的超级想象力，无中生有、添油加醋。更有甚者，他们会编造谎言、恶语中伤、造假欺诈、栽脏陷害、背信弃义，非要弄得你心灰意冷不可，甚至想置你于死地而后快。

嫉妒，是许多人的通病，嫉妒的现象无时不有，无处不在，一点小事都会引起莫名其妙的嫉妒。古今中外，因嫉妒而造成的伤害触目惊心：战国时期，魏国大将庞涓见师兄孙膑的才能比自己高，心生嫉妒，怕其在将来影响自己的官职，于是竟不顾当年同窗之谊，狠心挖掉了孙膑的膝盖骨；在楚国，屈原的才华出众，深受楚怀王的赏识，这引起了小人靳尚的嫉妒，后来靳尚屡进谗言，迫害屈原，致使屈原遭到放逐，最终殉志汨罗江；在西方，米开朗基罗是天才般的雕塑大师，他的每一件作品都让人赞叹不已，这就让身为建筑家的布拉曼蒂产生了强烈的嫉妒心，他恶意中伤米开朗基罗，迫使这位天才雕塑家中断了为于勒二世创作的雕塑；人们都称佛门为净土，然而达摩祖师东渡弘扬佛法，既不想和谁争什么，又没有招谁惹谁，却遭到了五次投毒。过去有人嫉妒，现在有人嫉妒，将来也会有人嫉妒。

有一个针对企业员工心理的调查显示：47.37%的员工表示自己偶尔会有嫉

妒心，31.58% 的员工觉得经常有，只有约 21.05% 的员工表示从来不会。在企业中，当员工之间的地位相当时，如果其中一方获得上级的认可、升职、加薪或者学习机会，可能会引起其他员工的嫉妒；有利益冲突的员工之间也容易出现嫉妒心，毕竟荣誉或者奖励是有限的，给了其他人，自己就会失去机会；女性员工比男性员工更容易产生嫉妒心，而男性员工产生嫉妒心理的比例则相对较小。

小孟和紫怡，不仅年纪相仿，而且几乎是同时入职，平时谈话非常投机，很快成为好友。她们在工作时合作愉快，工作之外也如知己般无所不谈。然而一次奖励却将这一切都改变了。紫怡口齿伶俐，善于钻研，业务能力强，而且深谙与上司、同事的相处之道，所以在年终获得了"最佳新人奖"，成为了领导重点培养的对象。小孟自那之后，感觉紫怡变了一个人似的，与同事说话的语气开始变得强势，举手投足间显得非常高傲，对自己说话越来越不顺耳。事实上，紫怡丝毫没有变化，这一切都是小孟的感觉，也就是嫉妒心在作怪。虽然紫怡还和以前一样对待小孟，但小孟总是在疏远她，后来终于有一次，因为在工作上的小分歧，小孟和紫怡大吵了一架。小孟借题发挥，趁机释放心中对紫怡的嫉妒。结果，两人争吵得不可开交，甚至当着部门同事的面，把对方生活中的"小秘密"都抖了出来。结果可想而知，曾经惺惺相惜的两个好友从此交恶。

黑格尔说："嫉妒是平庸的情调对卓越才能的反感。"嫉贤妒能的人，多是好吃懒做、投机取巧、眼睛向上、善于阿谀奉承领导，背地里进谗言、送礼品、打小报告的小人。而遭人嫉妒者，多为有才者、有能者、有为者，这是社会的一个定律。为此有人总结说："未经磨难非好汉，不遭嫉妒是庸才"，确实很有道理。

那么，你被别人嫉妒了吗？如果答案是肯定的，那么不管你遭到了多大的打击，你都应该是高兴的，因为你与众不同，因为你的优点多于他们的优点，因为你不是平庸之人。别人妒忌你，是因为你有能力、有优势，难道你不应该高兴吗？

遭人嫉妒有时也能锻炼人，因为它能使人在受到磨难中越发地焕发光彩。人要成才，没有风浪锻炼，没有挫折考验，是难以想象的。正是从这个意义上讲，应该感谢那些"嫉妒者"。正是他们，让一个人在成才的过程中会多一份清醒，多一份智慧。

郑板桥说："难得糊涂。"当我们的才华遭到别人嫉妒的时候，我们不妨也"难得糊涂"一回。要知道别人嫉妒我们，是因为我们在某一方面肯定很出众，别人嫉妒我们也是一种正常的心理反应。即使嫉妒者讲了一些过火的话或做了一些过火的事，我们都要给予理解。如果嫉妒者看不出来我们是在假装糊涂，就不会加深他们的嫉妒心理；如果嫉妒者看出来了，他们就会自惭形秽，有利于消除他们的嫉妒心。

一个要立志于远行的人，必须要随时倒出鞋子里的砂粒。遭人嫉妒也许不值得提到桌面上来，但久而久之，也会影响到我们的工作、生活。所以，我们应时刻注意，时刻保持谦虚谨慎的态度，同时更要一如既往地把自己的工作做好，更要不断进取，施展才华，争取更大的成绩，用事实告诉嫉妒者，我们不但有才华，而且人品更好。这样一来，嫉妒者就会从心底佩服我们。对于我们的进步和成功，他们也只能心服口服了。

## 固执的人往往比顺从的人要强

有个渔夫，捕鱼的技术非常好，每次鱼汛都能网到好多鱼。一天，他听说市场上墨鱼最受欢迎，总是供不应求，卖墨鱼的人都赚了好多钱，于是他说："这次出海只捕捞墨鱼。"但这次渔汛带来的大部分都是鳗鱼，他就把所有的鳗鱼都放了，空手回到了家。到家后，去市场转的时候才发现市场上鳗鱼的价钱是最贵的。于是他又发誓下次出海只捕鳗鱼。

第二次出海，他只想着捕鳗鱼，好像上帝在故意和他开玩笑似的，这次捕到的都是墨鱼。于是他又空手而归了。因为谁也不能知道大海会赐予什么。别人都劝他，但是他并没有把劝告放在心上。

第三次出海的时候，他说："这次出海无论是墨鱼还是鳗鱼都要捕。"结果，渔夫既没有网到墨鱼也没有网到鳗鱼，网里全都是螃蟹。这次他没有再放走螃蟹，但是他已经没有力气收网，因为没有捕到鱼，他已经好多天没有吃饭了，饿得昏了过去，掉在了大海里，再也没有回来……

有人说，故事太假了！的确，生活中不会有这样的渔夫，但是总是改变想法的人又有多少呢？

有个人一心想升官发财，可是直到退休那一天，他还只是个小公务员。他非常伤心，竟然落下眼泪来。有个同事过来安慰他，并询问原因。他说："我怎么不难过？在年轻的时候，我的上级爱好文学，我便学着写诗写文章，后来有点成就了，也得到上级赏识了，却又换了一位领导，这位领导喜欢科学，我赶紧又改学数学、研究物理，不料领导嫌我学历太浅，不肯重用我。后来换了现在这位领导，我自认文武兼备，人也老成了，谁知领导喜欢青年才俊，而我眼看年龄渐高，就要退休了，而最终一事无成，怎么不难过呢？"

研究学问、学习技能，目的是为了充实自己，千万不能为了迎合别人的意旨，或随时代潮流而盲目地进行，随便改变自己的志向、爱好，甚至熟悉的行业、领域，否则目的不能达成事小，白白糟蹋了一生宝贵的光阴才最可惜。

曾有这样一则趣闻：福特当年造出了汽车，许多人认为这种东西太丑陋了，远远不如一匹马。福特后来对人说，一个企业家如果被顾客现在的需求牵着走，那么我就不应该去造汽车，而是应该到农场里去养马。他的观点非常鲜明，要成为一个成功者，你就应该看到别人所看不到的，坚持别人所不能坚持的，不做市场的追随者，而做市场的引领者。这样的人，才能成为一个伟大的成功者。

前几年，电视连续剧《士兵突击》红遍大江南北，这是一部军旅题材的电视剧，看过的人都给予了极高的评价。在这部片子里，没有聪明漂亮的女战士，没有鲁莽军人和政委女儿的爱情，没有军长、师长的英明指挥，只有一个普普通通的士兵。连续剧主角许三多是普通农民的儿子，过于老实，甚至可以说有点傻，傻得差点连入伍的机会都没有，笨得让人无法理解，走到哪里都被人看不起，被人嘲笑。然而，就是这样一个毫无希望的小战士，因为没有放弃希望，加上自己的努力和战友的鼓励，长期而固执地坚持目标，最终实现了自己的理想。"成功源于对目标长期而固执的坚持"，这是这部片子真正的精髓所在。

说起成功，很多人都会拿乔布斯来说事。乔布斯对于成功的确有他自己独到的感悟和见解。在一次演讲中，他说："一个聋子的成功概率往往要比健全的人高。"什么是聋子？一种是生理上，一种是精神上的，乔布斯无疑指的是第二种。假如一个人要成功，就要认准目标，排除干扰，无论别人怎么说，都充耳不闻，朝着自己的目标前进。只有做一个精神上的聋子，不被别人的观点所左右，坚持自己所坚持的，最后才能获得成功。

乔布斯是这样说的，也是这样做的。无论是同事还是外界对他的印象，他就像是"巫师"一样，认为将来是智能手机的天下，他的智能手机使用起来要简单，可靠性要强，而且还要时尚……当年谁会理解乔布斯这些几乎偏执的要求，那时候的手机王国诺基亚、摩托罗拉从没有搞过什么智能机，可是卖得也不错。但不过短短几年，移动互联网时代如决堤之水而来，苹果手机成为智能机的引领者，而诺基亚、摩托罗拉则丧失了市场话语权。

固执，可以使人具有愚公移山的力量，精卫填海的毅力，夸父追日的勇气，飞蛾扑火的热情。当所有蛤蟆都选择放弃的时候，唯独一只聋了的蛤蟆登上了顶峰。是什么成为它前进的动力呢？是一颗固执的心。固执的蛤蟆总会有一个乐观、积极向上的心态，而轻易放弃的蛤蟆常常心绪烦恼，终日生活在烦恼与悲观之中。许多蛤蟆失败往往不是因为它们的能力不够，而是因为它们没有坚持到底的决心！

固执，对于成功者来说极为重要，从一个人固执的程度可以看出这个人有多大的发展。美国宾夕法尼亚州立大学做了一项比较有争议的研究，负责人是该大学积极心理研究中心的主任马丁·塞里格门。他发现，固执的人在学校里一般学习都不错，在工作和其他事情上也能干好。也许是因为他们拥有的激情和责任感，帮助他们克服了困难。他说："对一般人来说，出类拔萃并非脑袋好使或者性格使然，除非你是一个超天才。如果你没有固执的品质，你不会比对手做得更好。"

在我们的工作、生活中，每个人都有自己的追求。但是，在我们为实现理想而奋斗的同时，身旁有鼓励，有支持，也有冷嘲和热讽。于是，有人为了理想而固执地走自己的路，也有人顺从他人的意见而放弃了追求。那么，谁将会最终拥抱成功呢？每个人心中都有一个共同的答案。

## 张扬的人必定有张扬的资本

三国时期，董卓专权，天下大乱，十八路诸侯结盟共同西征洛阳，遇到董卓手下大将华雄。华雄勇冠三军，力斩各路诸侯多员大将，致使盟主袁绍派将迎敌时，却无人敢应。这时，关羽站了出来，要求迎敌。当时，他的身份仅仅是一名马弓手。袁绍等各路诸侯见此人如此张扬，心中不悦，下令将其斩首。关羽立即表示愿立下军令状前去迎敌。临行前，曹操敬他一杯酒，他说："暂且斟下，某去便来。"结果，在杯中的酒还没有凉的时候，关羽已经提着华雄的人头掷于地上。因此，给后人留下了"温酒斩华雄"的千古美谈。

"温酒斩华雄"这场战斗对关羽而言具有十分重要的意义：这是他一生英雄的战斗历史的开端，在这以前他只不过是一个区区县令手下的没有多少人知道的小小的马弓手，从这以后，他就一发而不可收，斩蔡阳，斩颜良、诛文丑，过五关斩六将，不断地斩将立功，声名大振。

人们称颂关羽，称颂他张扬的个性，人们也深知，他张扬的背后是因为他有张扬的资本，有斩将立功的能力。自古以来，人们就称颂谦虚的美德。的确，谦虚的人是值得尊敬的，但是，一味地谦虚也会让你丧失许多发展的机会。所以，当我们在工作中，一副重担摆在你的面前，或者说一个机会就在你的眼前，如果你有能力，千万不要谦虚，要勇敢地接受它、完成它，因为这不是谦虚的时候。既然有资本，就如同关羽那样请缨出战，张扬又有何妨。

吉姆出生于一个书香世家，父母从小就教育他为人要谦逊，他也是这样做的，所以在做事情上一直表现得不够积极。在上大学的时候，由于非常精通成本管理，很快被学生会看中。在大学里，学生会因为要为学生提供服务，所以难免会产生一些开销。这些开销需要学生会自己解决，如果解决得不好，学生会在经济方面就会一团糟。所以，有位老师建议让吉姆来担任学生会主席，做些盈利性的活动，来缓解学生会的经济压力。要知道在美国，一所知名大学的学生会主席是相当重要的职位，竞选学生会主席是非常激烈的，像吉姆这样被老师直接提名的事情以前是从来没有过的。

吉姆也十分愿意担当这个职位，认为自己也能胜任。当校方找他谈话，问他有没有信心做好学生会主席时，吉姆回答说："这对我来说，确实是一个非常大的挑战，但我已经做好了失败的准备。"吉姆觉得这种说法一定会受到欢迎，因为这表明了自己的谦逊与谨慎。可是，结局却恰恰相反，他不得不与这个职位擦肩而过。

后来，他和别人谈到谦虚这个话题时，他总是强调说："不恰当的谦虚有时会断了自己的发展之路。"如果有能力，那么就应该大胆地表现自己，张扬自己的个性。

当今社会，是一个标榜个性、张扬个性的社会，生活在这个社会的人们，更加注重自我价值实现，即使面对各种压力，各种困难，他们为人做事也非常高调，展示自我，因为他们有张扬的资本。

中国正迎来集体创业的伟大时代，年轻企业家纷纷登台亮相。相比老一代企业家，这些 30 岁以下的新生代们，既有接棒家族企业的富二代，也有自行创业的年轻 CEO 们。从受教育方式到公益理念，从资本运作到生活方式，他们都拥有着独一无二的生存密码。通过对这些新生代的密码解读，我们将对这些中国企业家的未来之星，有一个清晰轮廓，从而预判十年到二十年后的财富特征。

霸蛮，这是一个湖南方言，即使你不懂它的含义，也能从字面上感受到这个词所传达的张扬气势，它经常用来形容那些不知天高地厚、四处张扬的人。而这个词用在 Mysee 直播网总裁高燃身上再恰当不过了。IT 界女强人张树新对他的评价是："具有可能发展为领袖人物的潜质但如果能够再收敛一些也许对他的未来会更好。"同伴对他的评价是"外表张扬，内心张扬"。总之，在熟识高燃的人中，都认为他是一个张扬的人。当然，这里的张扬没有贬义，因为高燃正是凭着这种张扬的个性才有了今天的成就。

关于高燃电梯里堵雅虎创始人杨致远递计划书的事情，几乎知道他的人都听说过。那是 2004 年春天，当当网、卓越网也跟春笋似的冒头，高燃也想趟一回电子商务的水，他写了一份商业计划书，打算寻找可以提供创业资金的人。还是记者的高燃，在北京一家饭店的电梯里有预谋地"偶遇"到了杨致远，电梯里只有两人，高燃简单介绍了自己的想法，然后把计划书递上，但并没有下文。当得知远东集团蒋锡培在吉林长春出席团中央组织的会议时，高燃"不知天高地厚，初生牛犊不怕虎"的劲儿又上来了，随即站了一夜火车第二天凌晨到了长春双手递上他的电子商务计划书。远东集团董事会经过激烈的讨论最终在高燃软硬兼施的策略下蒋锡培给了高燃 100 万元。蒋锡培拍拍高燃的肩膀说："我知道这个项目很有风险但你这个人没有风险。"

成功是每个人的梦想，但是成功不是从天上掉下来的，而是经过不断的磨炼和积累而获得的。把成功比作一座大厦，德商、情商、灵商、胆商等，都是构造这座摩天大楼必不可少的材料。你可能是一个张扬的人，张扬的个性可能会影响你的事业，但是，只要你有想法、有实力，张扬就是你能力的象征！

## 疯狂的人、富有激情的人多能闯出名堂

你见过有人站在楼顶上大喊大叫么？你也许会说那是一个疯子。的确，这种行为确实有些疯狂，然而就是这种疯狂的行为，成就了一个疯狂的人——疯狂英语的创始人李阳。他曾在北京的故宫举行万人英语演说；他曾在上海外滩举办盛况空前的英语互动课堂；他曾到革命老区遵义领着成千上万的英语学子们疯狂呐喊美式英语。十多年来，他就这样操着他纯正的美式英语，呐喊着闯出国门，将"李阳疯狂英语"的品牌带到了美国、日本、韩国还有不同种族、渴望说一口流利英语、渴望交流的学子们中间。有人称李阳是中国教育产业里的比尔·盖茨，因为"疯狂英语"让世界语言教学界为之疯狂。

21 世纪的社会是竞争激烈的社会，要想在这个世界里取得成功，"疯狂"

是必不可少的。要想得到成功就必须"疯狂"起来。

所谓"疯狂"，就是富有激情，对事情百分之百地投入！有一次，美国的一名部长问比尔·盖茨："我在微软参观时，看到每一个员工都非常努力，而且非常快乐。这样的企业文化你们是如何创造的？"比尔·盖茨回答："我们雇佣员工的前提是，这个员工对软件开发是有激情的。"

那么，什么是激情呢？激情是一种状态，是一种境界，更是一种精神。激情是创新工作、追求卓越的源泉，也是动力所在。只有拥有了激情，才更有效能。激情是工作中最为难能可贵的品质，对于身处职场的人来说就如同生命一样重要。有了激情，你可以释放出巨大的潜在能量；有了激情，你可以把枯燥的工作变得生动有趣；有了激情，周围的同事也将受到感染，你将拥有良好的人际关系；有了激情，领导将更多地注意你、赏识你、提拔你，你将获得更多的发展机会。

人都是有激情的，没有激情，就很难谈到有斗志，难以对生活充满信心，难以产生灵感创造成就。我们有了激情，并善于利用激情，人生往往容易走向成功的彼岸。

当人们还在讨论德国车好还是美国车好时，他却说中国车最便宜，并以令人咋舌的低价杀进汽车市场；当所有中国汽车厂商都在专注于家用车市场时，他又打造出了第一辆国产跑车"美人豹"，并扬言要引领中国跑车产业；而当国内汽车产业趋于饱和，国产车商生存空间受限，不得不开拓第三世界市场时，他却在有百年历史的法兰克福车展上，掀起一股中国风。他就是被称为"汽车疯子"的李书福，一直以来，他都在做着"疯狂"的事，他造摩托车、造轿车，办浙江经济管理学院、吉利大学，而这些都是当时民营企业未涉足的。

在造车初期，李书福就一显其疯狂本色。没有钱，李书福想出了"老板工程""风险自担，利益共享"的口号为吉利集团吸引了大量有资金实力的老板前来注资；没有人才，李书福把原来在吉利摩托车任职的员工名单一一排查，终于发现有三名工程师曾经在汽车厂干过，这三名工程师就成了吉利汽车最早的中坚力量；没有技术，李书福就走上了"拆奔驰、仿夏利"的路线，所以豪情——吉利的第一款车，长着夏利的模样、奔驰的前脸。而就是这样生产出来的车，竟然通过了国家强制性安全检查，不能不说是个奇迹。

美国成功学大师拿破仑•希尔也认为激情是一种意识状态，能够鼓舞和激励一个人对手中的工作采取行动。他本人也是一个有激情的人。他的写作大都在晚上进行。一天晚上，他工作了一整夜，因为太专注，使得一夜仿佛只是1个小时，一眨眼就过去了。他又继续工作了一天一夜，除了期间停下来吃点清淡食物外，没有停下来休息过。如果不是对工作充满激情，他不可能连续工作一天两夜而丝毫不觉得疲倦。因此，激情并不是一个空洞的名词，它是一种重要的力量。

美国著名作家爱默生说："有史以来，没有任何一项伟大的事业不是因为热忱而成功的。"这不仅是一句睿智的警语，更是一盏指向成功的路灯。成功的事业需要全身心地投入，而全身心的投入则需要依靠发自内心的激情。对成功而言，疯狂或激情是必不可少的。也许你才华横溢，但只有在激情的推动下，个人的才华才能发挥到极致。

## 脸皮厚的人才有出息

1996年，在阿迪达斯ABCD篮球训练营，麦迪抢断后运球快攻，詹姆斯•费尔顿回防，准备封盖，但是麦迪故意放缓了脚步，等了费尔顿一下，然后忽然从罚球线高高跃起，空中换手在费尔顿头上完成了一记暴扣。这时候全场一片死寂，正是这记扣篮，"麦迪"这个名字被所有人记住了。而被他羞辱的费尔顿，正是被众多专家看好的明日之星。

十几年后，当年名不见经传的麦迪已经贵为 NBA 巨星，而誉为天才少年、曾经辉煌一时的费尔顿一直没有迈进 NBA 的大门。因为从被暴扣的那时起，费尔顿便完全没有了斗志，终日靠酗酒打发时间，甚至一度沦落到靠当保安来赚钱糊口。27 岁那年，疾病缠身的费尔顿喝完了生命中的最后一瓶酒，便永远离开了人世。

2006 年的 NBA 常规赛上，火箭对阵尼克斯。在篮下，姚明接到队友传球后横跨一步，双手将球高高举起准备大力扣篮。这时，尼克斯的后卫内特·罗宾逊突然冲了出来，利用惊人的弹跳，一把将姚明手中的篮球按了下去。罗宾逊身高只有 1.75 米，比姚明整整矮了 51 厘米！这次封盖是篮球史上落差最大的盖帽之一，也位列 NBA2006 年十大盖帽之首。赛后，有记者问姚明对这次盖帽的感想，姚明笑道："今天的五佳球肯定又有我，可惜又是配角。"

在篮球场上，扣篮与盖帽总是不断地重复上演着。因为，没有人可以永远捍卫自己头上的三尺领空，不管他是崭露头角的费尔顿，还是声名远播的"小巨人"姚明，甚至"飞人"乔丹。问题的关键是，在蒙受这些"耻辱"后，自己去如何对待。遇到这种情况，聪明人一般都会"厚厚脸皮"，或大大方方交流自己的感受，或自嘲一下。要知道，"厚厚脸皮"，敢于分享羞辱其实是一种好心态。而费尔顿的悲剧就在于缺乏这种心态，他有巨星的球技，却没有巨星的心态。

篮球场上如此，人生亦是如此。在恰当的时候"厚厚脸皮"，是你良好心态的体现，也是充满智慧的生存之道。想想吧，厚脸皮能帮你做什么？在商场中，你是否曾因为不好意思和卖家讨价还价而花了很多冤枉钱？在学习中，你是否曾因为不好意思在陌生人面前大声说蹩脚的外语而错失了提升水平的机会？在情场中，你是否曾因为害怕被对方拒绝，眼睁睁地看着心仪的对象被远不如你的人追走？在职场上，你是否曾因胆怯和上司走得近而错失升职加薪的机会？

有一次在节目录制现场，吴奇隆曾分享追女孩的"招数"，他说："霸道之余必须要有温柔的一面，粗鲁中要细心，让女生更有安全感，关键是脸皮厚死不要脸，管别人喜不喜欢都要往上贴。"

谈到现在主持《艺术人生》栏目出色表现时，朱军坦诚地说："老实说我并不够聪明，也不智慧，靠的全是勤奋、悟性与多年积累的实战经验，对于我来说，今天之所以稍稍让观众满意，除了上述原因外，还由于我胆大、敢问、脸皮厚；只要有好的建议，无论嘉宾还是专家学者我都会提出来，尽管有时会遭到嘲笑。"

可见，脸皮厚的人确实能够捞到不少实惠。我国俗话说："脸皮薄，吃不着；脸皮厚，吃个够。"这话听起来很糙，但理却不糙，而从历史上来看，大凡成功者都是脸皮厚的人。对于成就事业，脸皮厚是百试不爽的妙招。

脸皮厚的动力就是自信，真正的自信是发自内心的充实，因此，真正的厚脸皮是发自内心地感到充实。要知道，自己不付出努力去充实空虚的内心，只追求外表上的厚脸皮，这只是临时性地回避现实而已。马斯洛说："有些人之所以不能成就大事，其最主要的原因就在于丧失了自信。不论在何种领域做何种事情，只要缺乏自信，一切都不会如愿以偿。"因此，要想在生活中得到更多，在工作中有所成就，就要自信一点、脸皮厚一点。

电影巨星史泰龙出道前曾十分落魄，身上只剩一百美元，因为租不起房子，只好睡在金龟车里。当时，他立志当演员，并自信满满地到纽约电影公司应聘，但都因外貌平平及咬字不清而遭拒绝。当纽约500家电影公司都拒绝他之后，他从第一家电影公司开始再度尝试。在被拒绝了1500次之后，他写了一个剧本四处推荐，继续被冷落，就这样被拒绝了1855次之后，终于遇到了一个肯拍那个剧本的电影公司老板。但又遭到对方不准他在电影中演出的拒绝。可最后，他终成闻名世界的超级巨星。

如果你是史泰龙，你能面对 1855 次拒绝仍不放弃吗？史泰龙能，他能做别人做不到的事，所以他成功了。只要你做到，你也能成功。

成功是一种心态，是人的一种思考模式。在人生的路上，被拒绝是我们成长过程中的常态，谁都无法避免。那些"脸皮薄"的人在无数次拒绝的打击下，失去了继续追求成功的勇气，一蹶不振；而那些"脸皮厚"的人则不怕被拒绝，不屈不挠，屡败屡战，最终将成功紧握在手。

## 成功之路，有时需要得罪人

战国时代是我国从奴隶社会向封建社会转变的时期。在当时各国中，秦国率先完成这一转变，从此一跃成为令东方六国无法匹敌的强国。当然，秦国能够完成这一转变，商鞅功不可没。他唯才是举，废除井田，开创阡陌，摧毁隶农贵族制，给这个国家带来了富裕和强大。然而为了实现这个目标，他得罪所有别人不敢得罪的人，包括他曾经的盟友，上将军公子虔；包括未来的国君——嬴驷，这个心气高傲的太子；包括士族代表，太师甘龙。但他无所畏惧，因为他明白新法的成败决定着自己的成败。

可以说，秦国的强大以致以后能统一六国，是商鞅用生命换来的。为此，也有人提出，当初商鞅是否能够不去得罪人，而将变法进行到底呢？放到当今社会，是否事业的成功就必须"和和气气"呢？相信大多数人都会回答：是的。不过，请先别那么肯定。事实上，在你通往成功、卓越的道路上，也许更多的时候是要得罪一些人才行。

在社会中，许多人都因为业绩出色而在人群当中取得了不错的成功，但他们仍然是人群中的一员。要想超越人群，你就不可避免地要承担由此带来的后果——有的人会不喜欢你。有人说"如果人们太喜欢你了，那可能是因为他们就要打败你了。"所以，在通向成功的道路上，有时需要得罪人才行。

张鹏是一家公司的副总经理，负责业务的拓展。他最初也本着"和气生财"的原则，在与大家搞好关系的基础上提升业绩。但是由于公司的产品和市场均因许多因素发展得不顺畅，导致了许多不尽如人意的事件发生。他先是与负责产品的一位经理产生了矛盾，而后又与一位负责市场的营销经理发生了过节，之后又得罪了一些人。他感觉到此时仿佛全世界都与他为敌，后来他也终于明白，要想取得成就就不能做"老好人"，必然会得罪一批人。

为什么我们总是容易得罪别人？因为在社会中，得罪人的机会永远比讨好人的机会要多。混迹在社会中，难免会牵涉到利益。利益是有限的，好处被你拿走了，别人就没有了。当利益复杂时，得罪人就变成一件很容易的事情，每次你得到一个好处，伴随着的就是得罪一大片人。而即使没得到好处，还是得罪了那些曾经与你竞争过的人。

所以，只要存在着利益竞争，就一定会得罪人。有些人以为，只要做好自己，管好自己的事情就绝不会得罪别人。但这种想法是错误的，因为人具有社会的属性，你的每一个举动，其实都在和人发生关系。你与他人合作，难免会在利益分配、性格等方面出现矛盾，得罪他人；与人竞争时必然得罪人，这更不必说；即使你想置身事外，也难免因为闲言碎语等原因让你遭人嫉恨。所以，不管你做什么，都有得罪到人的可能。

得罪人的事情随时会发生，更别说你想出人头地，去获得成功了。在通往成功的大路上，你得罪人的机会更多。梦想成为领导者的人，总是说他们立志成为一个态度温和的倾听者。但人的素质是参差不齐的，每个公司里都有素质较差的人，或者成绩平平甚至起反作用的人。这些人也许有的很有背景，也许有的是一贯的刺头，一旦他们这些人犯了错误，如果你犹犹豫豫又怕破坏上下级友好关系，也害怕影响公司整体风气的提高，前怕狼后怕虎，职工们都会看在眼里，这样领导的形象便会受到严峻的考验。如果你采取果断的措施对他们及时说"不"，那么你的威信很快便树立起来了。当你踌躇于如何做出决定时，你用几年时间确立起来的高大形象就将可能大大贬值，企业风气也会滑坡，甚至会毁于一旦。

要想成为领导者，你可能需要给企业动一些"手术"，会让企业中的不少人感到"疼"。改革会调整企业原有的利益格局，可能要断掉一些人的财路，降低一些人的收入，使一些人感到压力增加，甚至要裁员……这些都是得罪人的事。要想成为好的领导者，就需要顶着这些压力、冒着这些风险，大刀阔斧地把一项项新制度贯彻下去，你就要不怕得罪人。如果空有成功之心，却前怕狼、后怕虎，这个不愿招惹，那个不敢得罪，希望什么麻烦也没有，一心想做"好好先生"，根本不可能有什么改进，你更不可能获取成功。

同样，在职场中，即使你身为普通的职员，你如果想出人头地，想获得更高的薪水、更高的奖励、更高的职位，也难免会得罪周围的人，甚至领导。比如你有了一个很好的创意，受到了老板的赏识，想破格提拔你，这可能会得罪你的顶头上司，因为他为了保住自己的职位而曾反对过你。为了一个奖励，你可能要与其他同事展开竞争，你获胜了，其他的竞争者可能就会失去，心理不平衡，于是你将他们也得罪了。

当今社会是一个高速发展的社会，要想获得成功，就必须与时俱进，不断创新。创新本来就是件困难的事情，必须要打破常规、超越常规。越是超前而大胆的创新，与守旧派之间的斗争就越激烈。如果你真的带来某种变革，在这个过程中的某一阶段，那些守旧者们必然以各种方式阻碍变革的发生，从最简单的拒绝投资或者不肯接受新产品，到对生产者进行人身攻击等都有可能。但是，你如果想让创新成功，就必然要去得罪他们、打败他们。妥协、屈服、做"好好先生"，终会死路一条。

所以，如果你想成为一名成功人士，首先要想一想，自己是否敢得罪人。如果您想当"好好先生"，不想去得罪人，那么你最好打消成功念头吧。

# 第五章
# 要与众不同就要不走寻常路

世上本没有路，走的人多了，也便成了路。这些路大致可以分为两种，寻常路和不寻常的路。寻常路，走的舒适，但只能欣赏路边的花花草草；而不寻常的路，却能告诉你什么叫出乎意料的美景。可是很多人习惯于走别人走过的路，认为走大多数人走过的路没有风险，但是，他们却没有料到，走别人没有走过的路，往往更容易成功。尽管路途颠簸，也甘愿走下去，不要随波逐流。做一个会造路的人，造自己路的人。

## 从底层做起，一步步实现梦想

在美国，曾经有这样一名普通清洁工，他是一名牙买加黑人后裔，社会地位不高。但他又不是一个普通的清洁工，他没有满足于将地板拖干净。他做事很认真，喜欢思考。在做清洁过程中，他很快摸索出了一种拖地板的姿势，这种姿势既拖得干净，还十分省力。这件事被公司老板看到了，认为他是个人才，便破格提拔了他。后来凭借这种精神和态度，他从一个清洁工开始，最后一直做到了美国的国务卿。他就是美国前参谋长联席会议主席、国务卿鲍威尔。

在当今社会，有很多人抱怨找不到工作或者工作不理想，埋怨自己不受重用或领导不慧眼识英才，其实并非他们没有能力，而是缺乏一种从底层做起的踏实精神。一个人，只要有从底层开始奋斗的勇气和决心，只要能够不断进取，就一定会有所作为。

每个人都梦想成功，成为CEO、名人或亿万富翁更是许多人的梦想，可是，又有多少人知道这CEO、名人和亿万富翁等成功人士是怎么来的呢？这些成功人士大多从底层员工中来，从普普通通的员工中来。几乎所有成功人士都是从最优秀的员工做起的，这样的案例可以说数不胜数：

香港首富李嘉诚曾做过销售员，挨门逐户推销过塑料花；

台湾塑胶大王王永庆当过米铺杂工，每天给客户上门送米；

香港亿万富翁霍英东在轮船上做过铲煤工；

世界"新闻大王"普利策，年轻时当过水手、建筑工、图书馆员工等；

香港演艺界巨星刘德华做过洗碗工；

著名影星周星驰给别人拿过道具……

当今中国社会，正处于快速发展时期，人们渴求进步、向往成功的程度远远超过了从前。现在的高等教育中，西方教材、理念和案例被大量引进，这给年轻人带来许多新的知识和视角，同时也引导他们站在管理者的角度探讨如何思维、决策和解决问题。在这种特殊的社会背景和教育导向下，许多刚从校园里走出来的年轻人胸怀远大抱负，渴望施展拳脚。但是，对于多数人来说，最初的工作岗位都处于基层，都会被要求从细微、基础的事情做起。这个时候，他们就会觉得自己是大材小用，对前景充满困惑，感到失落，甚至开始不思进取。这个现象在当代年轻人中非常普遍。特别是受一些急功近利的外部环境影响，更容易使他们失去耐心。

有很高的理想没有错，但要从基层做起也要基于现实，所以，对于年轻人来说，不妨做到"高处着眼、低处着手"，一步步到达目标，走向成功。

董建华是香港船王董浩云之子，他19岁考入了英国利物浦大学。他在利物浦大学读书期间，正是第二次中东战争爆发之时，董浩云的船队因此得到了迅猛发展，成为拥有亿万资产的世界级船王。此时，董建华也自然是身价看涨。那个时候，在欧美留学的香港富家子弟盛行攀比之风，比出手阔绰、比穿着时髦、比座驾等级等等，但董浩云则要求董建华过简朴的生活，把心思用在学习上。董建华遵从了父亲的教导，做到了起居饮食，没有一样因为自己是船王的儿子而与众不同。

董建华大学毕业后，大家都认为董浩云会安排儿子去美国继续深造，或回香港在家族企业里执掌要职。然而出乎人们意料的是，董浩云却要董建华到美国去打工——到通用有限公司最基层去当一名普通职员。

为什么要这样安排呢？董建华有自己的理解，他认为通用是当时全球最大、最成功的公司之一，它的现代企业管理原则对自己家族的航运企业很有帮助。自己在通用可以学到许多东西。董浩云虽然同意儿子的回答，但仍然觉得他理解不够深入。他说："我并不怀疑你是一个有理想的人，但我担心你不够刻苦。你不要想到自己有依靠，你必须自己主动去找苦吃，磨炼自己的意志，接受生活的挑战，所以你必须全面锻炼自己，从最底层做起。只有先当好一名普通的职员，今后才可能明白应该怎样对待你下面的职员，在这以后，你才能充分考虑学习别人的经验，为将来开创新的事业打下良好的基础。"

一番语重心长的话语，使董建华理解父亲的良苦用心，他服从了父亲的安排，在美国通用公司勤勤恳恳地干了近十年，这也为他之后的辉煌奠定了坚实的基础。

有一家著名的国际大公司通过调查发现：在每年的招聘中，都会有许多优秀的年轻人加入该公司，他们或成绩突出，或有留学背景，或名校毕业，他们大都心怀梦想，憧憬未来，信心百倍。然而在工作几年之后，他们中只有懂得踏踏实实地从最基层、最普通的事情做起的人才真正获得了成长，做出的成就也比没有

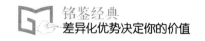

从基层做起的人成就大。

孟子说："天将降大任于斯人也，必先苦其心志，劳其筋骨，饿其体肤……"从底层做起的人，正如同天将降大任于斯，只要努力，成功的大门总会向他敞开的。即使是董建华那样拥有强大背景的人，也要通过从基层做起，才最终获得成功。更何况对于我们大多数人来说，不属于"富二代"之列，不会因为有"好"父母而得到巨额财产，丰衣足食地度过一生。既然你不属于这些"特例"，那么从底层做起就是你必须经历的过程。

在底层工作过的人，不会轻易被风吹倒，懂得如何忍耐，知道如何克服困难，懂得金钱和人的可贵。只要你在底层工作过，你的人生就会发生变化，看世界的视角和态度也会不一样，做出选择的时候会更加慎重，未来也会更加明确。

## 谣言，始于庸者，止于智者

谣言的历史和人类历史一样悠久，从古至今数千年，谣言从未停止过，也没有被消灭过。在当今信息化如此发达的社会，谣言更似找到了滋生的沃土，飞速传播、变幻无穷、花样翻新，尤其在竞争激烈的职场、办公室，谣言、八卦、绯闻更是成为主流文化，各色各样的谣言如同病毒一样存在于空气中，只要一个不留神，轻则打几个喷嚏，重则胜过禽流感。

什么是谣言？谣言就是无中生有、捕风捉影，或者为了发泄个人私愤而对别人的诬陷和诽谤。发出谣言的场合往往是两个或几个人的窃窃私语，发布谣言者一般都别有用心，而散播谣言者多则是帮凶或没有头脑的人。

谣言如同杂草，虽是不起眼的，却有其独特顽强的生命力。即使谣言只是只言片语，没有完整的情节，没有细节的描述，但是经过许多人的添油加醋，再加上丰富想象力的叙述，并且说得有鼻有眼，就让人想不信都难了。不要以为我们离谣言很远，不经意间，说不定你就会成为谣言里的当事人，不知不觉间被谣言包围了。

谣言传播速度非常快，往往当受害人知道自己受到谣言中伤时，早已失去了澄清、辨明的机会。因为谣言已经人所尽知，你总不能见到一个人就澄清一下吧？那岂不成了见面就说"我真傻"的祥林嫂了？别人会以为你有神经病，甚至会怀疑是你是在欲盖弥彰。因此，谣言给人造成的中伤和委屈是巨大的。

那么，谣言的来源是哪里？又是如何产生的呢？首先是那些爱琢磨别人、研究别人的人，他们天生猜忌心重，总把事情按自己的想象去描画。本来这些东西他会放在心里，经常揣摩，但一旦到了某种特定场合，如酒桌上、谈论中，就会不自觉地把自己想象的事当作事实讲了出去。其次有喜欢传播的人，这些人不但喜爱探听隐私，而且能把看来的、听来的事情传得头头是道，俨然新闻发言人。还有就是犯"红眼病"的人，这种情况最可怕。他们嫉妒心太重，看到别人比自己好了心里就难受，非要捏造点东西来给别人抹点黑。

俗话说"名誉是人的第二生命"，没有了名誉，你以后就很难正常地待人处事。被流言蜚语影响，乃至毁掉了名誉的人自然悲愤、痛苦，而那些以害人损失好名声为乐，经常传播流言谣言的人，在他毁人名誉的同时，也毁了自己的名誉，却还不自知。别人也许还会听他津津乐道地说别人的短长，可内心早已充满了鄙夷。久而久之，就再也没有人轻易相信他说的话了，这又何尝不是自毁前程、得不偿失？

谣言都会对个人产生负面影响，谣言流传的时间越长，经过的渠道越多，传播的范围越广，变出的花样越多，造成的影响就会越大。那么当谣言来袭的时候，我们应该怎么办呢？

第一，要安守己分，不做散播谣言的人，让"谣言止于智者"。谣言都是有时效性的，也许轰轰烈烈的炒作一段时间后就会消失得无影无踪，别人记都未必能记起来。有时谣言可能是有心人故意放话给你听，打算用你口再传出去，这样你就要小心了。生活在信息化高度发达的现代，我们接收的信息越来越多，但是如果不加思考就照单全收，只能说明你头脑还未成熟，因为你不能独自思考，没有自己的思想。因此，我们不管听到什么信息，都应该有自己的思考，这才不至于被蒙骗，更不至于成为传播谣言的人！

第二，要善于观察，寻找谣言的根源。俗话说"无风不起浪"，即使是谣言，也一定会有其产生的深层次原因。谣言虽然不代表真实，但它却是许多问题和危机的最初迹象。如果你善于观察和分析，你完全可以从谣言看到其背后存在的问题，并尽早采取应变措施。

第三，要沉着冷静，敢于反击。如果谣言的矛头对准的是你，并且会对你构成很大的伤害，那么你就必须站出来予以反击，维护自己，不然谣言会迅速蔓延、扩大。但是，反击也要讲究策略，要知道，真相是最好的反击，拿出事实，让造谣者哑口无言。但如果在真相一时难以辨明或暂时找不到有说服力的证据时，就最好保持沉默。要知道，有些事情会越抹越黑，保持沉默倒是上策，浊者自浊，清者自清，过不了多久，谣言自会随风而逝。

有人这样形容谣言："言者捕风捉影，信口开河；传者人云亦云，添油加醋；闻者半信半疑，真伪难辨；被害者莫名其妙，有口难辩。"但如果你做到了以上几点，你就已经称得上智者了，因为谣言没有伤害到你，你也没有对谣言起到推波助澜的作用，让谣言止于智者。如果社会中的每个人都是这样的"智者"，谣言就不会兴风作浪了，人们也就不会受到谣言的危害了。

# 对手，让你摆脱平庸的另一半

美洲虎是一种濒临灭绝的动物，全世界仅存十几只，其中一只生活在秘鲁的国家动物园内。秘鲁人为了保护这只老虎，在动物园里单独给它修了虎园，让它自由生活。里面有山有水，环境优美，还有成群结队的牛、羊、兔等供它享用。奇怪的是，没有人见到过这只老虎捕捉过猎物，也没见它威风凛凛地从山上冲下来。它每天都躺在装有空调的虎房，除了吃就是睡。有些人认为它太孤独了，没有爱情，于是人们从国外租来雌虎来陪它生活。但是，这项举措并未带来多大改观，这只美洲虎最多陪"女友"到阳光下站一站，不久又回到它卧的地方。

又有人建议，虎是林中之王，放一群只会吃草的动物，怎么能提起它的兴趣？虎园领导觉得有理，就捉了 3 只豹子投进虎园。这一招果然灵验，自从豹子进了虎园，美洲虎不再睡懒觉，它时而站在山顶上引颈长啸，时而冲下山来雄赳赳地满园巡逻，时而冲到豹子面前放肆地挑衅。美洲虎终于觉醒了，豹子激发了它的虎威，使它摆脱了以前怠惰的生活。没多久，它就和一只雌虎生下了一只小虎。

有位动物学家在对生活在非洲奥兰治河两岸的动物进行考察后，发现了一个十分奇怪的现象：两岸的生存环境和食物都相同，但生活在河东岸的羚羊繁殖能力远远超过西岸的羚羊，并且它们的奔跑速度每分钟也要比西岸的羚羊快 13 米。

为什么有这样的差异呢？这名动物学家经过详细调查才揭示了其中的原因：原来，生活在东岸的羚羊之所以强健，是因为附近生活着一个狼群。这些羚羊每天都生活在一种"竞争氛围"中，为了生存，它们不断锻炼自己，于是越来越强健了。而西岸的羚羊之所以弱小，恰恰是因为它们缺少天敌，没有生存、竞争的压力。

实际上，不仅动物界的生存繁衍需要对手，人类的发展，人才的成长，社会各项事业的进步，也同样需要对手才能永葆生机。现在的许多人都想安逸地生活，而不去想如何应付生活中的困难和挫折。殊不知，时间久了，就会失去挑战人生困境的能力。"生于忧患，死于安乐"，所以我们要不断寻找对手，提高自己的竞争能力。

对手，是让你摆脱平庸的另一半。有了对手，才会克服懒惰的思想；有了对手，才会正视现有的缺点。一个学习成绩优异的学生，如果总考第一，没有学习上的竞争对手，就容易滋生惰气，日渐落伍；一个刚走上工作岗位的高才生，如果在单位没有与之能力相匹敌的竞争对手，没有工作压力，长期下去，他就会变得平庸无聊；一个遨游于商海的企业家，如果失去了竞争对手，他就不能不断发展新品牌，在市场立于不败之地。

有了对手，才会有竞争；有竞争，才会充分发挥潜能，才能实现自身的价值。这是一条人生的定律。百事可乐最初只是一种地方性的饮料品牌，直到20世纪初它才找准了一个对手——老牌的可口可乐，并相应制定出"年轻一代"的品牌策略。于是这对伟大的对手，从彼此的身上寻找到了灵感和冲动，并造就了一场伟大的竞争。正如后来的经济学家所评论的："百事可乐最大的成功是找到了一个成功的对手。"

我国的大哲学家孟子说："内无法家拂士，外无敌国外患，国恒亡。"个人而言，就是不能足够自制，由于没有对手，肯定会活得很失败。寻找对手，找对对手，才是现在的第一大要务。

在生活中，人们常说："能够找到知音，是人生的一大幸事。"殊不知在人生道路上找到能和自己较量的对手比找到知音更重要。找到对手，你会产生打败他的念头，这样才能不断提高自己，激励自己前进；找到对手，你会发现自己的缺点，这样才会不断弥补自己，让自己进步得更快；找到自己的对手，他能催促你更加奋进。

一种动物，如果没有强有力的对手，就会逐渐退化，甚至灭亡；在社会上，一个人如果没有强有力的竞争对手，就不会产生压力感，就会松懈，就会沦为平庸，最终必将庸庸碌碌、无所作为。

强有力的竞争对手，对一个人来说是巨大的激励和鞭策，他虽然是"敌人"，但对手的鞭策，可以使我们不敢松懈，始终保持向上的蓬勃朝气。在社会上，真正要做成大事的人，总是把威胁到自己的利益的对手当成自己伙伴，在竞争中提高自己的能力。所以说，生存的斗志往往来自于威胁到你利益的强大对手。只有存在对手，才能让我们看清楚自己，对手是自己最好的一面镜子。

在硝烟迷漫的战场上，一个百战不殆的英雄，最可悲的结局不是战败而死，而是在空阔无垠的沙场上，再也听不到对手叱咤风云，挑战呐喊的声音。没有对手是一件可怕的事情，没有对手就意味着意志消沉，没有对手就意味着死亡。一个人最大的悲哀并不是被别人打败，而是没有一个可以和自己一比高下的对手。我们每个人不可能永远都是成功者，但我们却希望给自己找个对手，没有对手就没有了奋斗的动力。

当然，给自己找个对手，并不是四面树敌，而是为了让自己充满斗志，让生活朝气蓬勃，摆脱平庸，避免陷入平庸。所以，你如果不想成为平庸的人，那么就找一个强大的人作为你的对手吧。

## 管好嘴，别让好辩害了自己

詹姆斯是哈佛大学教社会学的著名教授，他给即将毕业的学生上最后一堂课时一再强调说："未来工作免不了会犯错，免不了会挨上司的怒骂。但请各位牢牢记住：挨骂时，无论对错，千万都不要辩解。"刚开始，大家都觉得他的这些话非常荒唐：不管对错都不要辩解？这不是让误解越积越深吗？这样不就等于公然认错了？为了一份工作，这么做值得吗？

詹姆斯看出了大家的疑惑，就解释说："是的，无论你是对是错，都不要去辩解。你可以设想一下，上司正处在气头上，能听得进你的辩解吗？如果你是对的，辩解到最后证明错的是上司，这样会令他很没有面子。如此一来，事态的严重性只会增加。盛怒中的斥责就好比是齐发的万箭迎面而来。所以，你千万不要觉得自己没有错，就理直气壮加以辩解，结果万箭会把你刺得遍体鳞伤。你应该把头低下，要弯腰，让所有的利箭都掠过头顶，随风而去，这样才可以确保自己不受伤害。"

詹姆斯教授刚讲完，全场顿时响起了一片掌声。而对许多人来说，也不妨记住詹姆斯教授的这一堂课，因为它会对你的人生产生很大的影响。詹姆斯教授的话不仅在职场，在社会也适用，甚至能决定一个人的成败。总的说来，做人千万不要太好辩，以免让它变成通往成功路上的绊脚石。做事不能靠一张嘴闯天下，太好辩、随时替自己找借口，只会离失败越来越近、离成功越来越远。越是不能做大事的人，越是会用一大堆借口来辩解。成功之人总是努力做好当下的事情，而失败之人则总是努力为自己的懒惰或错误辩解。因此，要记得：想成功，就别太多嘴，努力增强实力，才是走向成功的正道。

嘴巴的功能，是用来说好话，不是用来与人争辩的。好辩之人，有理不饶人，无理辩三分，这样的人没有人会喜欢。太好辩只会惹人嫌，并不能为自己带来成功。成功不是辩出来的，强辩不如变强。当你具备了强大的实力，就不需要辩解，自然而然地就会取得成功。

现实的社会，有的时候没有人情味可讲，有的只是每个人对利益的冲动驱使，所以千万不要把社会当成自己温馨的家，俗话说"病从口入，祸从口出"，所以你要特别小心自己的嘴巴，管住自己的嘴巴。

社会有那样一些人，他们喜欢争强好胜，希望和别人争论，而且一定要胜过别人才能罢休。但是，你千万别忘了，这是社会，不是在辩论会。为了一些小事去争辩，只能得罪人，根本无益于提高你在社会的地位。而且你应该想到，你即使争辩赢了，可是你却损害了其他人的尊严，如果对方记恨在心，将来伺机报复，那多么得不偿失啊。在社会，多个朋友总比多个敌人强。

在职场上更是如此，对一名出色的员工而言，服从是第一要务。服从，不光要很好地完成任务，还千万不要和上级争辩，和上级争辩就是一种不服从的表现。面对上司的斥责，优秀的员工任何时候都不要辩解，要把自己犯错误的原因找出来，唇枪舌战根本无济于事。

拒绝争辩是每个社会人需要牢记的，如何避免争辩呢？这也是需要方法的。

第一，你给对方说话的机会。当你与上司、同事、客户沟通时，要让对方有机会说话，对方说出与你不同的观点时，你也不要急着解释、辩驳，而要耐心地听对方把话说完。否则，轻易打断别人，很容易增加彼此之间的误会和沟通障碍。

第二，要适当保持沉默。当你与别人的意见不合时，最聪明的办法是冷静，沉默不语。尤其是涉及一些根本与你无关的事情时，你更应该保持沉默，为了这些事与别人争辩不休是不值得的。你完全可以让对方说，笑着去听就好了。

如果争辩已经发生，而且你侥幸得胜，一定要表现出自己的风度，不要计较争辩时对方对你的态度，更不要嘲笑讥讽对方。这个时候你要做的是给对方一个台阶下，比如递一杯水给对方等。这表明，即使刚才发生了不愉快的争辩，你也始终把他当朋友，对他并没有敌对情绪，这样可以缓解气氛，让双方走出"战场"。

第三，就是一定不要恶语伤人。争辩的目的是为了辨明是非，而不是你败我胜、你死我活，必须要防止堕入毫无意义的争持。若是有可能，最好与对方面对面坐下来，彼此攀谈，做出一定的退让，使两边都快乐起来。或者换一种说话方式可能会更好些。比如有人说了一句你认为错误的话，你可以这样说："你说的有一定道理！不过我另有一种想法，但也许不对……""我也许不对"，确实会得到神奇的效果。无论在什么场合，没有人会反对你说"我也许不对"吧。尤其是要避免说出"你这个人怎么这么笨？""这么简单的事情办砸了，你长了个狗脑袋呀？"之类的话。这样的话明显就是在辱骂对方，而对方的自尊被伤害，必然会奋起反抗，于是争辩就会升级。所以，我们在与人交往的时候，要避免犯这样的错误。

总而言之，只要你还能控制你的思想，你就不要将时间、精力浪费于无谓的争执上。与人争辩或许可以激发你的灵感、点燃你的思想火花，但它却往往更会伤了和气，阻碍你今后工作中与人的合作，妨碍你的成功。真正的成果是经过深思熟虑，与人交流的结果，而不是争吵出来的。

## 好口碑，得天下

《庄子·齐物论》讲了这样一个故事：有个养猴子的人对猴子说："我早上给你们三个橡子，晚上给四个。"猴子听了都生气，养猴人想了一下，就对猴子们说："好了，别生气了。我早上给你们四个橡子，晚上给三个。"猴子们就高兴起来了。

这些猴子的高兴是因为暂时受到蒙骗所致，时间一长，聪明的猴子自然会误出养猴人的狡诈和卑鄙，从此不再相信他，而且仇恨他，那时候养猴人就要自认倒霉了。

养猴人倒霉，是因为他没能在猴子面前树立一个好口碑。口碑，在当今社会中有着非同寻常的意义，我们常说的"酒香不怕巷子深"就是这个道理，作为一种营销手段，其非常便宜甚至是免费的，却有着一般广告不可比拟的优势。因为口碑的力量非常强大，很多商家都利用口碑树立了自己的品牌。海底捞就是凭借市场口碑取胜的典型案例之一。海底捞对于你来说应该不陌生，喜欢吃火锅的人几乎都去过海底捞，我也是经常去海底捞吃火锅的，有一次我在海底捞吃饭，由于水果没有吃完，于是我对服务员说："能不能打包带走？"可是服务员却说："不行"。我说："不行就不带走了。"当我在结账的时候，神奇的事情发生了，服务员竟然给了我一整个西瓜，说："切开的西瓜不卫生，你要打包的话就送你一个西瓜。"由此可见，海底捞对口碑的重视程度。

自古以来，评论的力量都是无穷的。口头传播是最早的传播方式之一，一件商品通过口口相传可以一传十、十传百，达到良好的传播效果。只要大家都说好的东西，就算不好也可能造成"三人成虎"的现象；一件商品再好，如果口碑不好，也可能因为"人言可畏"给品牌造成不良影响。

在商业中，如果一个企业失去信用，就是自己断了自己的后路。海尔集团董事局主席兼首席执行官张瑞敏也说："一个企业要永续经营，首先要得到社会的承认、用户的承认。企业对用户真诚到永远，才有用户、社会对企业的回报，才能保证企业向前发展。"

同样，口碑对于一个人也是非常重要的。一个人如果想获得人们的认可，走上成功路，就要注重自己的名声，就要会设计和经营自己的名声，也就是要为自己做个好口碑。俗话说："人过留名，雁过留声"，口碑，就是以言立碑。立碑一般是在一个人死之后，后人为纪念之或盖棺"论定"而立，死后之碑往往讲得比较正面。而口碑却是人还健在时外人对他的评价。这种评价对一个人的影响是非常大的。

李嘉诚是香港首富，关于他的成功之道的书籍，可以说数不胜数，但其实他成功的核心秘诀就是口碑。正如他所说："我绝不同意为了成功而不择手段，如果这样，即使侥幸略有所得，也必不能长久。"

李嘉诚的成功是从生产塑胶花开始的。当初，曾有一位外商希望大量订货。为确证李嘉诚有供货能力，外商提出须有实力的厂家作担保。李嘉诚白手起家，没有背景，他跑了几天，磨破了嘴皮子，也没人愿意为他作担保。无奈之下，李嘉诚只得对外商如实相告。

李嘉诚的诚实感动了对方，外商对他说："从你坦白之言中可以看出，你是一位诚实君子。诚信乃做人之道，亦是经营之本，不必用其他厂商作保了，现在我们就签合约吧。"没想到李嘉诚却拒绝了对方的好意，他对外商说："先生，能受到如此信任，我荣幸之至！可是，因为资金有限得很，一时无法完成您这么多的订货。所以，我还是很遗憾地不能与您签约。"

李嘉诚这番实话让那名外商大受震动，他没想到在"无商不奸"的社会里竟还遇到这样一位诚实商人。于是外商决定，即使风险再大，也要与这位具有诚实品德的人合作一回。

在外商的鼎立相助下，李嘉诚不仅得到了订单，还扩大了生产规模，又拓宽了销路，并由此发展成为塑胶花大王。

在当今社会，一个人的口碑应该包括单位口碑、社会口碑、家庭口碑，分别反映你对工作、社会、家庭的人生态度和做人的成效，是一个人做人状况的写照。有的人历来注重并善于提升自己外界口碑，这样的人就容易得到同事、朋友和亲属的认可，从而得到周围人群的拥戴。而往往也有的人对外界口碑置若罔闻，我行我素，当然得不到同事、朋友、亲属的认可，人们敬而远之惟恐避而不及。

我们常说做人难，而获得好口碑更不易。世界上的人本无贵贱之分，只有职业和岗位之分，但做人的原则应该是一样的。恪守做人之道，遵守做人原则，工作和生活就相应会顺理成章，好的口碑便会随着你。

如果口碑好，别人就愿意和你打交道。一次性交往你可以靠蒙骗，而多次交往就得注意口碑了，以往的口碑和将会形成的今后的口碑。口碑就是利益，这话不是耸人听闻。口碑你无法左右，因为"口"是别人的，而不是自己的。如果"口"是自己的，那么每个人的口碑都会很好，没有半点瑕疵。

口碑不是名人的专利，我们平头百姓也有口碑，而这些口碑由于不会有媒体的介入，不会有网民的炒作，往往来之简单，简单但也应该用心去经营。口碑需要经营，但绝不是作假。信息发达的社会，作假者是没有藏身之地的。

口碑的背后是做人，做人好，口碑才会好。口碑好，你就拥有了成功的资本。马云曾说：对企业来说，"口碑"的重要性远远大于"品牌"。而对一个人来说，"口碑"的重要性远远大于他的能力。一个人的能力弱点没关系，只要他的口碑好，大家都愿意帮助他，那么这个人必将比其他人更先一步登上成功的顶峰。


## 今天很残酷，明天更残酷，后天很美好

马云说："今天很残酷，明天更残酷，后天会很美好，但绝大多数人都死在明天晚上，却见不到后天的太阳，所以我们干什么都要坚持！"事实上，成功与失败最终取决于你是否坚持到了最后。

在古希腊，有学生问大哲学家苏格拉底，怎样才能学到他那博大精深的学问。苏格拉底听了，并未直接作答，只是说："今天我们只学一件最简单也是最容易

的事——每个人尽量把胳膊往前甩，然后再尽量往后甩。"苏格拉底示范了一遍说，"从今天起，每天做 300 下，大家能做到吗？"学生们都笑了，这么简单的事怎么会做不到？

过了一个月，苏格拉底问学生们哪些人坚持了，有九成的学生举起了手。

过了一年，苏格拉底又问大家："请告诉我最简单的甩手动作还有谁坚持了？"这时，只有一人举起了手，他就是后来古希腊的另一位大哲学家柏拉图。

不错，即使最简单的事情你能一直坚持做下去吗？每到年初，我们总喜欢制定计划，对新的一年充满了许多美好的设想。但是每到年末，总结自己的收获时，往往更多的是遗憾和后悔。

人们常说："善始者实繁，克终者盖寡。"创业并不是一件容易的事情，个别人可能会凭运气而获得成功，但对绝大多数人来说，成功是需要努力才能获得的。在通往成功的道路上布满了坎坷，但是作为一名开创者，你必须直面困难、直面挑战，这其中只有一件事是肯定的——你不能选择放弃，一旦放弃，你肯定是失败的。

心理学研究表明：凡是那些取得惊人成就的人，他们所表现出来的意志品质主要有自觉性、果断性、坚持性、自制性。由于完成某一目标一般需要相当长的时间，所以这其中对我们考验最多的就是坚持性。

约翰·克里西是英国著名的作家。他在年轻的时候就勤奋写作，但受到了接二连三的沉重打击，共收到 743 封退稿信。他说："不错，我正在承受人们所不敢相信的大量失败的考验。如果我就此罢休，所有的退稿信都将变得毫无意义。但我一旦获得成功，每封退稿信的价值都将重新计算。"到他逝世时为止，约翰·克里西一共出版了 564 本书，无数的挫折因他的坚持而变成了惊人的成功。

马丁·路德·金说："可以接受有限的失望，但是一定不要放弃无限的希望。"

目标有时遥遥无期，总也看不到头。你也许正在艰难中坚持，却已经疲倦不堪，如果在这个时候放弃，以前的努力都将白费，所花的心血都是徒劳。只要再坚持一会儿，再加一把劲儿，就有可能是别有洞天，柳暗花明。当你拨开迷雾重见阳光的一刹那，你会觉得所做的再苦再累都是值得的。

成就大事固然离不开坚持，点滴小事也需要坚持。长跑、打扫房间，这些看起来都是小事一桩，不做关系也不大，但若你试着督促自己每天去做，日积月累，你得到的就可能是健康的身体、整洁的环境。每天坚持一点点，收获会让你欣喜不已，而坚持就是成功前的一种状态。坚持有时比智慧更重要！

居里夫人是世界上唯一一位两次获得诺贝尔奖的女科学家。她出生在波兰，家境贫苦，在校读书时，饥寒时常缠绕着她，冬天冻得睡不着觉，她不得不把椅子压在被子上御寒。艰苦的生活经历铸就了她坚毅的性格。为了提炼镭，她和丈夫在简陋的棚屋内苦苦奋斗了四年，用了四百多吨沥青，二百多吨化学药品和八百多吨水。在此期间，有一年他们没有看过一场戏，没有听过一场音乐会，也没有去访问过朋友。在最困难的时候，他们的钱用光了，连她的丈夫都在考虑是否还要坚持下去。正是居里夫人的坚持，才避免功亏一篑。最后，他们终于提炼出了镭，揭开了镭的秘密，影响了物理学的发展。

坚持，是能克服行动中的困难、不屈不挠地执行"决定"的品质，这种品质表现为善于抵制不符合行动目标的各种诱因的干扰，也表现为善于长久地坚持业已开始的符合目的的行动，做到持之以恒，有始有终。

培根说："幸运中所需要的美德是节制，而厄运中所需要的美德是坚韧，后者比前者更为难能可贵。"面对生活中的不幸和挫折，面对前进道路上的艰难险阻，我们要迎难而上，知难而进，把艰难困苦变为我们的顽强意志和坚韧毅力，变为矢志不移的努力。

坚持不是忍耐，不是原地踏步，它是在逆境中向前，是顶着压力向上，它是积极地争取，而不是束手等待……你也许正在黑暗的夜色中摸索，但紧接着到来的不就是光明的早晨吗？

骐骥一跃，不能十步；驽马十驾，功在不舍。同样，成功的秘诀不在于一蹴而就，而在于你是否能够持之以恒。认准目标，坚持不懈，成功终归是属于你的。古人云"锲而舍之，朽木不折；锲而不舍，金石可镂"，古人还说："绳锯木断，水滴石穿"。只要我们有滴水穿石的精神，就一定能获得成功。

## 偶尔换个做事风格，更能成功

汉朝初期，盘踞在当今广东、广西一带的南越王越佗，原本是秦朝派到这里镇守的地方官，秦朝灭亡以后，他自立为王，割据一方。汉高祖刘邦平定天下、建立汉朝后，不愿再动刀枪，对他实行了安抚政策，仍任命他管理南方，并给他一些赏赐，这种怀柔政策使汉朝的南疆及偏远地区长期得到了安宁和稳定。刘邦死后，吕后执政，他却将南方视为蛮族，并制定一些民族歧视或压制的政策，激起赵佗的不断反抗，南方政权变得不安定起来。

汉文帝即位后，重新恢复安抚政策，不仅给了赵佗许多赏赐，还对他的亲属加封官职。这一系列措施让赵佗深受感动，自动废除了王号，并上书请罚，发誓永远向汉朝称臣。

当一条道路走不通时，我们不妨换一条道路；当一种行事风格无法解决问题时，我们不妨换一种行事风格。"两面派"是让人们讨厌的行为，然而，美国发表的一项研究报告指出，人们在完成任务时，偶尔"换张脸"，适当改变一下自己的办事风格，不仅不会坏事，还能收到意想不到的效果。

比如在参加宴会时，一个一惯性格外向的人如果偶尔收敛一下，表现得深沉些，别人可能更愿意与你交流。而平时性格内向害羞的人，如果偶尔大方活泼一次，不仅能交到更多朋友，还能让自己更有信心。

人们通常认为，一个人的性格、行事风格是无法改变的。事实上，尝试一下改变你的固有风格，并不是否定或者不尊重自己，反而能挖掘出以往没有发现的内在潜能。

偶尔换一下你的行事风格，不要总是以同样的风格行事，这样还可以迷惑人们，尤其是能迷惑你的对手并分散他们的注意力。不要总是按你当初的意图行事，否则别人就会预知你的行事风格，并加以准备，将你击败。捕杀一只直线飞行的鸟儿可以说是轻而易举，而捕杀一只时常变换飞行路线的鸟儿就要大费周章了。也不要总是按你的第二种想法行事，凡事连续做过两次，别人就会识破你的机关。聪明的对手总是时时都揣摩他人，你必须多用技巧智慧取胜。这就需要你经常变换你的做事风格。

在社会、工作中，我们需要"对付"各种各样的人，所以只有一手是不行的，必须做到红黑脸相间，也就是一文一武，一张一弛，刚柔相济。总是用一种风格做事，都会不可避免地产生副作用。如果你身为领导，而对人太宽厚，便约束不住员工，他们会经常迟到、时常抱怨、工作中处理私事、目无领导、口吐狂言等。如果对下属太严厉了，下属就会唯唯诺诺、胆小怕事，整个公司就会变得毫无生气。每种方法都是有一利必有一弊，不能两全，由此看来，善用两手、偶尔变换一下做事风格是非常有必要的。

精明的人深谙此理，他们在行为处事的时候，经常运用红黑脸相间之策。有时两人连档合唱双簧，一个唱红脸，一个唱黑脸；有更高明者，他们就像会变脸的演员，根据角色需要不断变换脸谱。今天是温文尔雅的贤者，明天变成杀气腾腾的武将。历史上不乏善用此法之高手。

南北朝时期，宰相高欢独揽东魏大权。临死前，为了能让儿子高澄继承自己的权力，继续控制东魏大权，对辅佐儿子成就霸业的人事一一做了安排。当和儿子特别提到当朝唯一能和他的心腹大患候景相抗衡的人慕容绍宗时，高欢说："我当初故意没有重用他，完全是为了你。你如果对他加以重用，他必然会感激你，辅佐你成就一番伟业。"当父亲的故意扮黑脸，做恶人，不提拔这个对高家极有用处的良才，目的是把好事留给儿子去做。

高澄继位后，按照父亲的安排，给慕容绍宗高官厚禄，慕容绍宗自然非常感谢高澄，顺理成章儿子唱的是红脸。没几年，高欢的另一个儿子、高澄的兄弟高洋登基成了北齐开国皇帝。这就是父子连档，红黑脸相契，成就大事的例子。

高手下棋，总是会不断变换落子位置，不会一成不变地按照某种规律。这是因为，任何事情只要重复两三次，就会被人看出规律，不怀好意的对手就会给你巧设陷阱，开始算计你，让你受挫。棋艺高手决不走希望他走的那步棋，更不会让对手牵着自己的鼻子下棋。

人与人之间的感情交流，不怕波浪起伏，最忌平淡无味。数天的阴雨连绵，才能衬托出雨过天晴，大地如洗的美好。那些生活经验丰富的人，在人际交往问题上，既敢于板起面孔，发火震怒，又有善后的本领；既能狂风暴雨，又能和风细雨。适度适时板起面孔是需要的，特别是涉及原则问题或在公开场合碰钉子时，或对有过错的人帮助教育无效时，必须以发火压住对方。适时发火施威，常常胜于苦口婆心和"温情脉脉"。

偶尔变换你做事的风格。对"对手"，可以使他们产生迷惑，无法准确地掌握你的行动，自然也就不会轻易击败你。不要一产生念头，就毫不考虑，顺其自然地去做，那样很容易中了对手的下怀，让别人牵着鼻子走。偶尔变换你做事的风格，对朋友，可以避免他对你产生"审美疲劳"，你的形象会在他们心头一亮，使他们要重新对你加以审视。当你做事无法达成预期效果的时候，不妨换一种行事风格，那可能就会峰回路转，出现转机的希望。

## 聪明的人，首先要学会藏拙

"澹泊之士，必为浓艳者所疑；检饰之人，多为放肆者所忌。君子处此，固不可少变其操履，亦不可露其锋芒。"

这句话出自明朝陈继儒的《小窗幽记》。这是一本格言警句类小品文集，讲的是为人处世的道理。这句话的意思是说，一个淡泊名利的人，很容易遭到追求名利的人猜疑；一个行为规规矩矩的人，总会受到生活不检点、行为放肆的人的忌恨。所以，正人君子在现实社会里，不可以改变自己的操守和道德行为，但是更不要过分显露自己的锋芒。如果一个人能力很强，但不能做到适度收放，那么必然会遭到别人的嫉妒，给自己招致麻烦，甚至会带来灾难。这样的事履见不鲜，也是无法避免的。

春秋战国时期，陈轸受到了秦王的重用。大臣惠子对锋芒太露的陈轸的处境感到十分忧心，就告诉他说："杨树是非常容易活的树种，直着、横着，甚至倒着，它都能存活下来。不过，若是一个人种树，十个人拔树，这恐怕连一棵都活不成。之所以会这样，是因种树难，而拔树容易。你虽然受到君主的重用，可是一心想要拔除你的人却很多啊！"

现在，有很多人处处露锋芒，时时显示比别人聪明。事实上，锋芒太露的结果，就是招忌及受害。锋芒太露，时常会使人身败名裂，家破人亡。太露锋芒的人，就如同桌子上突起的钉子，容易让人用锤子给敲下来。大象因牙而被擒，蚌以有珠而见剖，龟因壳而致死，鹦以饶舌而被困，犀牛因角贵而招杀，金铎以声自毁。三国的杨修因锋芒太露，而死于曹操之手；唐代李太白因锋芒太露，而难以立足于官场；北宋苏东坡因为名声太高，太过出色，而屡遭磨难；南宋岳飞虽然战功显赫，但因锋芒太露，最终仍是无法躲过风波亭之劫。

曾有一位非常优秀的职业棒球投手，他不仅球速快，而且控球得心应手，任何打者都打不到他的球，没有人是他的对手，因此他的声望如日中天，世界的目光都集中在他一个人的身上。有一天，他的手被几个蒙面大汉打断了，后来经过追查，才知道打断他的手的人，竟然是自己的队员。他们打断他的手的理由是，他太厉害了，让他们失去了表现的机会。

树大了就会招风，锋芒太露了就会遭忌。比如在一个团体里，如果某个人的能力太强，就会掩盖其他人的光芒，使他们在相较之下黯然失色，没有表现自己的机会，于是就会产生一种不平衡的心。在这种不正常的心理状态影响下，他们为了报复锋芒太露者，会采取极端的方式。

古语云："做人应该要喜怒不形于色，切忌锋芒太露。"南宋爱国诗人陆游曾告诫他的儿子："勿露所长"。一个人要看清现实社会的复杂性和人们的心理状态，要学会明哲保身。唐代的苏味道，因没有锋芒，才能做上宰相的高位；宰相娄师德，也因懂得明哲保身，从不露锋芒，所以能官运亨通。明代的张干，很多人问他如何明哲保身，他总是回答："去锋"。这是很好的自保之术。庄子说："柴以不材得终其天年"，一棵树因不适合做栋梁、家具等而能躲过刀斧之砍。一个人尽管才华出众，但也不能自大骄傲，必须适度地掩饰自己的锋芒，懂得韬光养晦。那么，在现实生活中，他就不会吃亏了。尤其是那些卓尔不群、才华出众的人，更不要太锋芒毕露。

当然，也许有人会说，采用这样的办法不是让一个人才就此埋没了吗？其实只要有表现的机会，你就要把握机会，做出点成绩来，大家自然就会知道。最重要的是把握住度，不可因功而自矜，瞧不起他人，或者总是出风头，认为一切功劳都归自己所有。

做人要有锐气，但是锐气不代表锋芒，锐气可以展示自己的内心，但是锋芒只会给他人压力。明智的人都会尽量避免这一点。要想在社会上一展自己的才华，可以用一点儿心思，巧妙地展示。还要记得在时机没有成熟之前，千万不要让自己的锋芒太露。

所谓"花要半开，酒要半醉"，一个人，尤其是一个有才华的人，只有做到了不露锋芒，才能有效保护自己，才能充分发挥自己的才智而不招嫉恨。什么事情都不要太咄咄逼人。人生就是这个道理，当你志得意满之时，千万不要眼中无人，不可一世，如果那样，你必然会成为别人的靶子。

# 多些别人没有的好心态

在任何特定的环境中，人们还有一种最后的自由，就是选择自己的心态。那么什么是心态呢？简单的解释，就是做一件事情，对于这件事情的成功与否是怎么样的看待。如果成功了，自己未来的路怎么走下去；如果失败了，你又会怎么样看待自己。是从此一蹶不振，还是越挫越勇。人最重要的是心态。假如你在路上迷失了自己，你将会在人生中找不到方向。想要成功的人们，必须把握好良好的心态。

## 权威就是用来挑战的

1899 年 6 月初，威尔伯•莱特和奥维尔•莱特兄弟俩开始正式阅读与钻研有关航空与飞行方面的书籍，试制飞机。在反复进行滑翔试验中，莱特兄弟发现气压中心侧转的现象——弯曲的翼面气压中心并不总是像平翼面承受的气压中心一样往一个方向移动。这一重大发现与许多科技书籍的论点相违背——科学家们已经获得的关于大气对机翼压力的数据竟然有许多是不正确的！

莱特兄弟于是在 1901 年下半年制造了世界上第一个能对模型机翼进行准确试验的风洞，并在两个多月的时间里，用风洞进行了 200 多次各种类型翼面试验，取得了一整套科学数据，并根据这些数据设计出飞机。1903 年 12 月 17 日，在美国北卡罗来纳州的基蒂霍克，人类第一架载人动力飞机制造成功了，并且试飞也非常成功。仅仅用了4年多的时间，莱特兄弟便实现了人类几千年的飞行梦想，开创了一个新时代。

莱特兄弟不迷信书本，敢于向权威挑战的精神，是创新必备的可贵品质。纵观古今中外，凡是能做出一翻大事业，取得一翻大成就的人，无不具有创新思维，没有创新就没有发展，而做事要想获得成功，又必须懂得发展才是硬道理的道理。因此，做人一定要敢于挑战权威、打破常规，运用自己的创新思维，出奇制胜。

国外的大学与国内大学有一个显著不同：国外的教授喜欢学生敢于向权威挑战。在考试中，如果答案与教授传授的观点不同，只要你言之成理，教授也会让你通过的。而在中国，大学老师更注重的是基础知识的灌输，注重的是学生对课本知识的掌握，而并不注重让学生发表自己的观点。所以，中国的学生创造能力往往不如外国名校的学生，诺贝尔奖得主的名誉也往往与中国学生无缘。

权威，是经过一翻考验、已为众人所认可的根深蒂固的东西。它值得我们学习，但是权威也并不是完美无缺、牢不可破的，要成大事就要敢于挑战权威，战胜权威。

世界著名交响乐指挥家小泽征尔在一次欧洲指挥大赛的决赛中，按照评委会给他的乐谱在指挥演奏时，发现有不和谐的地方。他认为是乐队演奏错了，就停下来重新演奏，但仍不如意。这时，在场的作曲家和评委会的权威人士都郑重地说明乐谱没有问题，而是小泽征尔的错觉。面对着一批音乐大师和权威人士，小泽征尔思考再三，突然大吼一声："不，一定是乐谱错了！"话音刚落，评判台上立刻报以热烈的掌声。

原来，这是评委们精心设计的圈套，以此来检验指挥家们在发现乐谱错误并遭到权威人士"否定"的情况下，能否坚持自己的正确判断。前两位参赛者虽然也发现了问题，但终因趋同权威而遭淘汰。小泽征尔则不然，因此，他在这次世

界音乐指挥家大赛中摘取了桂冠。

一个人要想干出一翻事业，没有智慧固然不行，但少了勇气，也势必难成气候。谁也不敢说有智慧的人一定有勇气；但缺少智慧的人，大多没有勇气，或者其勇气亦是不足取的。

法国作家贝尔纳说："妨碍人们学习的最大障碍，并不是未知的东西，而是已知的东西。"历史发展到今天，规章制度和惯例已经充斥在社会生活的方方面面，很多人由于过去的经验和阅历，形成了思维定势。一遇到问题，就难以走出思维定势的条条框框，自然就难以获得创意，从而改变以往的工作模式了。所以我们要创新就要破除这些羁绊，突破思维定势，敢于挑战权威，改变传统模式，在改变中求得发展。

众所周知，现在的经济是市场经济，市场经济下任何成功都离不开创意，你比别人提前一步就能开拓出市场，占领先机。而要想有所创意就需要你勇于打破常规，敢于挑战传统，发挥自己的创意潜能。有着无限创意的人才能提出革新性的问题，工作才能有所突破，业绩才会不断增长。

现代社会竞争激烈，每个企业都以业绩增长为目标，现代公司对员工的要求不仅仅是具备良好的专业技能，还有各方面的综合能力，而创新能力就是其中很重要的一部分。创新能力正升级为主宰员工职场命运的条件之一，一个人缺乏创新是因为某些规则使他丧失了创造力。

在生活中，我们往往可以发现，许多人并不缺乏勤奋，也不缺乏知识，但却碌碌无为，一事无成，其原因就在于缺乏创新精神。其实，每个员工都可以利用自己的创意，使公司有所改变。公司的每一个变化，每一个进步，都与其员工是否有创意有着密切的关系。而一个员工要想拥有源源不断的创意，为公司创造业绩，就要具备"挑战权威，改变传统工作模式"的勇气和意识。实际上，如果离开了敢于挑战权威，改变传统工作模式的勇气和意识，再勤奋的员工都只是勤奋的员工，永远也无法成为提高自我价值的优秀员工，当然也不会为公司带来更大的效益。

诚然，做事情没有规则不行，但过于中规中矩、墨守成规也是不可取的。不去挑战权威，为权威所震慑。在权威面前，奴颜婢膝、低头哈腰，那么只能生活在权威的阴影里，最多只能成为一个复制人，无论做什么事情都难以成功。而无论面对的人的权威有多大，理论多么经典，你只要怀疑其有错误，就应该大胆质疑，这样才能有所建树。

## 出众的人不抱怨，抱怨的人不出众

这个月小敏又涨工资了，我却被扣了全勤奖，公司制度太不合理了……

小赵昨天过户去了，这已经是他的第二套房子了，他和我一块进的公司，而我每个月还在为付房租发愁……

王姐的孩子考上了重点高中？看看自己的孩子，英语每次都是那点分……

在现实生活中，我们总是听到各种各样的抱怨，他们总是抱怨自己的处境不好，运气不佳等等，但是几十年甚至一辈子过去了，一切还都是原来的样子，没有在工作和人生中有过突破。他们往往将这些归咎于缺乏机遇、没有门槛，却从来没想到其实这是自己造成的。

其实在世界上，原本就有很多不合理的地方，《圣经》上都说人都是有原罪的，凡是人聚集的地方就肯定有罪恶。当然，这并不是说肯定会有坏事，意思是只要是人聚居的地方，就肯定会有矛盾，会有一些不太公平的事情。面对不公平，如果只是一味地抱怨，不仅不能解决问题，还会让事情处理起来更加困难。

　　一头驴子不幸掉进一口枯井里，枯井很深，驴子又重，驴子的主人绞尽脑汁也想不出把驴子弄上来的办法。最后主人决定放弃，拿起铁锹准备把驴子埋了。于是大家一起动手开始往井中填土，驴子知道自己的处境，大声惨叫起来。过了一会儿，人们听不到驴子的叫声了，主人想可能是土填得差不多了，驴子已经死了，于是就伸着脖子往井下看了一眼。结果他大吃一惊，因为他发现驴子不仅没有被土埋起来，反而站在了土堆上。主人又铲了一锹土扔到驴子身上，他看见驴子竟然将身上的泥土抖落了下去，并重新站到土上。就这样驴子很快通过自救爬上了井口。

　　人们常用驴子来比喻愚蠢的人，而上文中的驴子却是个特例，它是头聪明的驴子。面对困境，它没有抱怨：没有抱怨枯井边没有警告标志，没有抱怨枯井太深了，没有抱怨主人的无情，而是思考着如何脱身，并付诸行动，最终解救了自己。

　　驴子如此，做人也是同样的道理。现在很多人总是抱怨社会不公，总是抱怨有很多不合理的事情。有位职场培训专家说过这样一句话："抱怨是最普遍的一种情绪，但同时也是寻找借口的人最善于利用的。"那些喜欢抱怨的人，很少有出众的人才，因为在社会中，最没有价值的行动就是抱怨。抱怨的人从不出众，出众的人从来不抱怨。

　　总是喜欢抱怨的人的生活态度往往是悲观的，他们总是列举无数理由，目的是让其他人知道，现实太残酷，他们才是最可怜的那一个。殊不知困难是由人自己定义的，只要人们不将现实看得残酷，那么也就无所谓残酷了。那些出众的人则不会抱怨这些，遇到困难，他们总是抱着乐观的态度。态度决定方向，用乐观的心态去看待一切，一切也就不再成为负担。

　　喜欢抱怨的人的心态是消极的，他们不愿将思考用在解决问题本身，而是放在如何逃避问题上。逃避则不会有行动，没有行动就不会有突破，没有突破，一切还都是老样子。而出众的人则往往将注意力放在解决问题上，他们没有无聊的杂念，总是心无旁骛地专注于问题本身。他们的专注，就是因为避开了抱怨的干扰。

喜欢抱怨的人做事情常常是半途而废、浅尝辄止，让他们决定放弃的原因就是，他们一直都在向自己强调不继续下去的理由，结果他们的行动力也随着这些理由的积累变得迟缓或是停止。而出众的人则不会这样，他们通常有持久的作战能力，坚持行动，直到事情做好做完为止。

出众的人不会抱怨自己，而是不断地开发自己的潜能。抱怨是懦弱、无能的最好诠释，它像幽灵一样到处游荡、扰人不安。抱怨自己让人们将关注点放在自己不想得到的东西上，因此，当我们抱怨自己时，我们就远离了自己想要的东西，而且抱怨越多，距离越远。

出众的人不会抱怨家人，有家就有幸福。世界上最温暖的地方莫过于家了。在属于自己的屋檐下，我们可以尽享亲情的温暖，爱情的温馨，这样就足够了。他们不会去抱怨家庭的贫寒、没有一个有权有势的父亲，因为那一切远不如亲情重要。

出众的人不会抱怨他人。世界上没有一个人是十全十美的，也没有一个人会让自己完全满意。既然我们不能苛求自己做到完美，那么也就不必苛求他人，对他人少一些抱怨，多一些包容、善意和尊重。

出众的人不会抱怨环境。若想让自己在任何环境下都能坚忍不拔，就要学会不抱怨环境，并怀着一颗平常心，让自己更加理智地改变自己，扎稳根基，适应环境，持之以恒，最终成就一生的辉煌。

出众的人不会抱怨挫折路。在人生漫长的岁月中，我们总会遇到各种各样的困难和挫折，面对这些挫折，我们可以充足的精神、足够的理由和信心生活下去，以阳光的心态面对，用努力代替抱怨，那么我们就能为克服困难和挫折铺平道路。

没有把自己做好的人，是没有资格去抱怨的，抱怨也是没有用处的，不会得到大家的肯定。无论在工作中还是在生活中，我们应该少一些抱怨，多一些努力，将抱怨化作行动。人应该学会正视自己，学会自我开释。只要退一步想，你就会发现，生活中的很多事情其实根本不需要抱怨。我们不要总是抱怨自己太平凡，应该想到自己的价值。在我们面临困难的时候，要告诉自己："我是一个有用的人！"只要把握住今天，你的明天就有希望。

## 不给自己留退路

一只品种优良的猎狗，经主人训练后，不仅反应敏捷，而且追捕猎物速度非常快。有一次，主人带着这只猎狗又去狩猎，老远发现一只狐狸，主人虽然用枪击中了狐狸的腿，但狐狸还是脱逃了。猎狗于是蹿了出去，展开自己最拿手的追捕工作。狐狸较为瘦小，腿上又有伤，从理论上说根本跑不过猎狗的。但是如果它知道，如果被猎狗抓住，必然是被剥皮的下场。自己已经没有退路，只有拼命奔跑。猎狗追了一会儿，始终追不上，心中便泄了气，心想："唉！我追得这么累干嘛！追不到狐狸，我也不会饿到肚子呀！"在这种念头的作用下，它速度已经慢了下来，狐狸却丝毫没有减速，转眼就消失在猎狗的视线中了。

受伤的狐狸最终跑赢了敏捷的猎狗，因为这对狐狸来说是一场生死竞跑，没有退路、跑不过就没命，所以不敢有一丁点的偷懒；而猎狗即使没有捉住狐狸，也有退路，也有饭吃，所以最终失败了。

有人说，不管是什么事情都要给自己留一条退路。虽然有理，但对于那些想成功的人来说，"退路"只是逃避的另一种说法。生活中，倘若一个人常将"退路"挂在嘴边，那这便是"败有退路"，因为留有退路的时候，就潜藏着懈怠和自我安慰。当它发展到自我麻痹、自我毁灭的时候，"退路"何在？所以一个人要想干好一件事情，成就一番伟业，就必须心无旁骛、全神贯注地投入进去，并持之以恒地追逐既定的目标。

在古希腊，无论是法庭里、广场中，还是公民大会上，经常有经验丰富的演说家的论辩，演说者是一个非常受人尊敬的职业。戴摩西尼一心想成为一名优秀的演说家，但他天生口吃，嗓音微弱，还有耸肩的坏习惯，这在常人看来，他似乎没有一点当演说家的天赋。因为在当时的雅典，一名出色的演说家必须声音洪亮，发音清晰，姿势优美，富有辩才。

为了成为卓越的政治演说家，戴摩西尼付出了超过常人几倍的努力，进行了异常刻苦的学习和训练。为了锻炼自己的口才，他经常躲在一个地下室里练习。不过他也毕竟是凡人，也常常会因为耐不住寂寞而产生出去游玩的想法，心总也静不下来，练习效果也不好。为了断绝这种念头，他横下一条心，将自己的头发剃去一半，变成一个怪模怪样的"阴阳头"。这样一来，因为发型怪异，他羞于见人，只得彻底打消了出去玩的念头，专心练习。一连数月，他足不出户，演讲水平也突飞猛进，最终成为了演说大家。

1830年，法国作家雨果同出版商签订合约，约定在半年内写出一部作品。为了能确保把全部精力放在写作上，雨果把除了身上所穿毛衣以外的其他衣物全部锁在柜子里，把钥匙丢进了小湖。就这样，由于根本拿不到外出要穿的衣服，他彻底断了外出会友和游玩的念头，一心只顾着写小说。除了吃饭和睡觉，他没有离开过书桌一步。结果作品提前两周脱稿。而这部仅用5个月时间就完成的作品，就是后来闻名于世的巨著《巴黎圣母院》。

一个人如果想要做好一件事，就必须排除一切杂念，断绝自己的退路，集中精力，锲而不舍地追求既定的目标，才能取得成功。世界成功学的鼻祖拿破仑·

希尔在他全球畅销几千万册的《思考致富》中就提出了"过桥抽板"理论——我们在做一项无法轻松实现的事情时，最好切断自己的退路，这样才能激发我们的潜力，义无反顾，坚持到底。因此断掉退路来逼着自己成功，是许多明智者的共同选择。

在工作、生活中，我们常常会有对事情拿不定主意，无法全神贯注地投入一件事的情况，这是因为有这样或那样的顾虑在制约着我们，让我们始终无法释怀。我们面对着所有事情的"两面"，总是想着一个两全其美的"解决办法"，而事实上，两全其美的结果是很难做到的，因此我们必须切断事情的一面，朝着另一面勇往直前。没有了顾虑，也就没有了后退的理由，而"一心想着成功"也迫使我们发挥出真实的能力，让我们得以集中精力用在一个目标上。

有位成功者这样说：当我们不能后退时，就只有前行。的确，当人生没有退路时，我们才会更加努力地探寻出路。也可以这样说，"退路"使我们永远无法达成目的，终究只是一种逃避、一种失败的委婉说法而已。当你为自己留出后路时，你就在失败上投下一枚筹码，你的信心就已经削减了一半。而只有那些有破釜沉舟的勇气的人，才能给自己创造一个向生命高地冲锋的机会。

从这个角度来，只有一条路可走的人往往是最容易成功的人。因为他们别无选择，所以才会倾尽全力朝目标冲刺。所以，为了达到成功，我们有时只有断绝自己的退路，才能把不可能变成可能，最终达成目标；只有将自己逼上梁山，才能找到出路。在漫漫人生路上，当我们难于驾驭自己的惰性和欲望，不能专心致志地前行的时候，不妨斩断退路，逼着自己全力以赴地寻找出路，最终走向成功。

当然，断绝退路，不是将自己推向深渊，而是帮助我们克服对深渊的恐惧，增加我们跨越深渊的勇气和信心，促使我们取得成功。只有断绝退路，我们才能心无顾忌，才能迎难而上，才能将对困难的恐惧转变为求生的欲望和战胜困难的勇气，才能使我们走向成功。

是的，请不给自己留退路，这样我们就会在勇往直前后看到最美的风景。

## 失败是没有借口的

"今天的雨太大了，所以我来晚了。"

"我今天身体不舒服，所以没考好。"

"客户的性格太古怪了，所以这个项目没有谈成。"

......

在我们日常的学习和工作中，经常能够听到这样一些借口。事实上，在诸如此类的借口的背后，都隐藏着丰富的潜台词，只是我们不好意思说出来，甚至不愿说出来而已。找一些借口，让我们暂时逃避了困难和责任，获得了心理的慰藉。但是，借口的代价却无比高昂，它给我们带来的危害丝毫不亚于其他任何恶习。它直接阻碍着我们学业的提高、事业的进步和人生价值的实现。

在失败的时候，多数人总会不由自主地找出许多客观理由来为自己辩解，这是人的一种自我保护的天性，也无可厚非。因为找到借口，就仿佛在冰山寒雪中找到了一张温暖的大床，可以驱赶严寒，得到暂时的温暖。但是一个追求成功的人绝不能为自己的失败找借口，因为一旦找了借口之后，对于自己存在的缺陷认识就会产生不足，甚至觉得自己毫无过错，殊不知，这样的借口毁灭了我们多少希望，使多少成功成为了泡影；殊不知，这样的借口又吞噬了我们多少机遇，将希望无形隐埋。

在第二次世界大战时期，一位美国上校说过这样很有哲理的一句话："当你去执行任务的时候，不要认为凭借恶劣的天气或是条件不够就可以为自己的失败找到一个适合的借口。失败是没有任何借口的，不管是遇上恶劣的天气或是出现了什么样的意外，你都得想尽一切办法去完成任务，如果你失败了，你就失去了存在的理由！"

失败了就是失败，没有借口可言，而弥补的方法只有一个，就是承认失败，然后全力去争取成功。公司中有的员工迟到了，他会说"对不起，我错了"，然后不作任何解释。而有些人迟到了则会找上一百个理由。究竟谁更让上司放心呢？前者向上司做出了道歉以及下次不再迟到的承诺，而后者仿佛就想让上司知道他有理由应该迟到。我们应该知道，上司要的不是你的失败的理由，而是你的业绩。因此，我们要学会诚恳地道歉、接受别人的批评，哪怕是别人冤枉你，你也不要急于说明理由。

在生活中，我们也许会遇到很多挫折。在我们做事情不能成功、不能如愿时，找借口掩饰也许是人的本能，你也许曾为有借口逃过责任而庆幸。

石油大王洛克菲勒在写给儿子的信中说："借口是一种思想病，而染有这种严重病症的人，无一例外的都是失败者，当然一般人也有一些轻微的症状。但是，一个人越是成功，越不会找借口，处处亨通的人，与那些没有什么作为的人之间最大的差异，就在于借口。"

只要稍加留意，我们就会发现，那些没有任何作为的人经常会拿出一堆一堆的理由来解释：为什么他没有做到，为什么他不做，为什么他不能做，为什么他不是那样的。失败者为自己料理"后事"的第一个举动，就是为自己的失败找出各种理由。一旦他找出"好"的借口就会抓住不放，然后总是拿这个借口对他自己和他人解释：为什么他无法再做下去，为什么他无法成功。起初，他还知道他的借口是在撒谎，但是在不断解释后，他就会越来越相信那完全是真的，相信这个借口就是他无法成功的真正原因，结果他的思想开始僵化，行动力减弱，最初的目标变成了遥不可及的高峰。

找借口的好处是能掩盖掉自己的过失，让心理上得到暂时的平衡，但长此以往，因为有各种各样的借口可找，人就会疏于努力，不再是想方设法争取成功，而是把大量的时间和精力放在如何寻找一个更合适的借口上。

事实上，没有谁天生就能力非凡，正确的态度是善于正视现实，始终以一种积极的心态去努力学习、不断进取。借口只能让人逃避一时，却不可能让人如意一世。借口给人带来的只能是让人消极颓废。

现代社会，竞争激烈，人们欢迎的是那些无条件、无借口，再艰难也要把工作胜利完成的人，而不是那些夸夸其谈、推诿责任、不思自省的人。

不找借口体现的是一种责任心，是一种敬业精神。一个有上进心的人，在工作中就应该具备在限定的时间内把握每一秒去完成任务的信心和信念。只有责任心，才能引导人清楚认识到自己应该承担的义务和责任，从而为企业、社会的发展作出自己的贡献，实现自己的价值。

不找借口，你就会比别人多了可以思考的时间，利用这个时间，你可以去精熟你的工作，去设想你的未来，去改正过去的错误。利用这些时间，你还可以养精蓄锐、蓄势待发。

不找借口，你就可以更好地挖掘自身的潜力，做别人不能做的事情。

不找借口，你就比别人多了一份成功的机会，你就可以全力以赴地做事。

不找借口，看似"理亏"，没有面子，但是却可以激发你的最大潜能。

所以在人生中，我们不要把太多的时间花费在寻找借口上。失败了也罢，做错了也罢，再美妙的借口对于事情本身的改变都没有丝毫作用，不如仔细想一想下一步究竟该怎样去做。那样生活中的我们将永远充满热情，那样我们也就离成功越来越近。

# "避重就轻"是人生的隐患

两个都渴望成功的青年问上帝："万能的主啊，您能告诉我成功的秘诀吗？"上帝听了，点点头，然后手一挥，一座巍峨的大山便立于他们面前。上帝说："翻过这座山就告诉你们答案。"

经过简单的准备，两位年轻人便上路了。一路山道崎岖，走起来比想象的还要艰辛。一开始他们互助共济，不过随着一条通往山后的隧道的出现，两个人的意见也发生了分歧，并分道扬镳。一个沿着山路继续攀登，一个则沿着隧道前行。

隧道内不仅宽敞平坦，而且路途很近，等第一个年轻人爬到山顶再折道下山到达终点时，那个穿过隧道的年轻人已等候多时了。这时上帝出现了："答案已经在你们心中了，不是吗？现在请告诉我你们的答案吧。"

那个走隧道而到达的年轻人说："或许，成功就在于明智的选择。"上帝不置可否地笑了，又对另一个年轻人说："有捷径不走却要翻山越岭，你不觉得太愚蠢了吗？"

那名年轻人说："我以为，成功没有捷径，要想成功就不能避重就轻。走山路的确很艰辛，而正是这份艰辛磨炼了我的意志，我相信以后遇到任何困难我都不会退缩。而且沿途也欣赏了一路的风景，我想这是走隧道所看不到的。"

上帝没有告诉他们谁对谁错，但他让那个走捷径的年轻人许多年后依然平庸着，而另一位几经打拼后最终成就了一番大事业。

这个故事的寓意是在告诉我们，避重就轻也许能让你获得一时的便利，但却在心灵中埋下了隐患，从长远来看，是有百害而无一利的。世上之人的能力与智力都相差无几，绝顶聪明或愚不可及的人都在少数，但是，为什么有的人能获得成功，有的人却一生平庸呢？一些在人们眼中极有潜力的人最终只能庸庸碌碌，原因何在？一个最重要的原因在于他们习惯于避重就轻，不肯付出与成功相应的努力。他们希望到达成功的巅峰，却不愿意行走在崎岖的山道上；他们渴望获得胜利，却不愿意付出智慧、心血与牺牲。避重就轻的心理普遍存在于人们心中，成功者之所以成功就在于他们超越了这种习惯。

我国经典名著《西游记》本是一本神魔小说，但却被职场人士热捧，因为里面有着很多的职场启示。书中的四大主角唐三藏、孙悟空、猪八戒、沙悟净都是每个公司某一类型员工的代表。在这个团队中，他们有各自的优点，同时也存在着明显的缺点，但是组合起来就是很好的取经工作团队。

在这个取经团队中，猪八戒智商一般，但是情商很高，业务能力比不上大师兄孙悟空，工作态度比不上师弟沙悟净，然而他却懂得交际和应酬，他拈轻怕重，既不牵马，也不挑担，逢妖遇怪能躲就躲，能跑就跑，即使偶尔去化斋还要偷个懒，平时最主要的工作就是陪唐僧聊天解闷，还时常打大师兄孙悟空的小报告。在整个团队中，除领导唐僧外，他是活得最潇洒最舒服的人物。

人在职场，如果想获得职业上的长远发展，只是凭借人际交往是远远不够的，必须要敢挑重担，敢于挑战，能做出出色业绩。猪八戒拈轻怕重，业绩平凡，导致取经后的职位晋升空间很小，与被封为斗战胜佛的孙悟空和被封为金身罗汉的沙悟净比起来，他只不过受封了区区一个净坛使者。

避重就轻会使人堕落，只有勤奋踏实地工作才能做出成就，获得发展的空间。沙和尚虽然能力不及猪八戒，但他从不挑三拣四，从不拈轻怕重，自然修成的正果也比他大。在我们身边，也不知道有多少猪八戒式的人物，他们具有出众的才华，很有前途，但因为没有养成脚踏实地的好习惯，做事情拈轻怕重，后来也就无法获取一个较好的社会地位。生活中的各种实例生动地证明了这样一个道理：无论事情大小，如果总是试图避重就轻，表面上看来会节约一些时间和精力，但

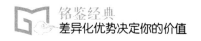
结果往往是浪费更多的时间、精力和钱财。

"吃得苦中苦，方为人上人！"人生在世，不能太宠着自己，要学着吃点苦。没有吃苦，哪里来的成功和收获？有些人缺乏吃苦精神，遇事推三阻四，挑肥拣瘦，就像孩子吃饭一样，挑食的人总是长不壮实。进入职场，人人都在打拼，容不得你怕苦怕累、避重就轻，当然也不会让你不劳而获。事无大小，不畏艰险，敢挑重担，是成功者的标记。大凡有所作为之人，都是那些踏踏实实、敢于挑战的人。

只有敢于吃苦、能够在艰苦岗位上做出成绩的人，才会获得更快的成长，才会被上司器重。不要怕苦怕累，不要避重就轻，否则一生也无出头之日，成为庸庸碌碌之人。而等到你磨炼到视苦累为寻常事，甚而以苦累为乐时，你的人生便进入了一个新的境界，成功之路便在你的脚下变得平坦了。

## 每一个成功者都在运用潜意识

春秋时期，一位年轻的将领即将出征，这是他的第一次领兵出征。久经沙场的父亲庄严地托起一个插着一只箭的箭囊递给他说："这是祖传的宝箭，你佩带身边，就会百战百胜，但千万不可抽出来。"

那是一个极其精美的箭囊，厚牛皮打制，镶着泛光的铜边儿，再看露出的箭尾，一眼便能认定用上等羽毛制作。年轻的将领喜上眉梢，接过箭囊，脑海里已经出现敌方的主帅应声落马而毙、自己胜利凯旋的情景。果然，佩带宝箭的将领英勇非凡，所向披靡，亲手斩杀了敌军主将，攻下了城池。当鸣金收兵的号角吹响时，他禁不住得胜的豪气，完全忘记了父亲的叮嘱，强烈的欲望让他拔出了宝箭，试图看个究竟。骤然间他惊呆了，原来那是一只断箭。

年轻的将领吓出了一身冷汗，意志仿佛顷刻间失去支柱的房子，轰然坍塌了，在接下来的一场战斗中，他惨死于乱军之中。

即使那不是一支断箭，果然有那么神奇的力量，让人百战百胜吗？当然不是，那是因为潜意识的原因。所谓潜意识，是相对于"意识"而言，是指潜藏在我们一般意识底下的一股神秘力量，是人类原本具备却忘了使用的能力，这种能力我们称为"潜力"。潜能的动力深藏在我们的深层意识当中，也就是我们的潜意识。

潜意识有一个显著的特点：它没有判断力，没有推理能力，只有执行能力。潜意识是没有选择的，它什么都接受。也就是说潜意识不推理、不判断，只听从意识。意识是潜意识的守门人。不论是对的还是错的，意识告诉潜意识什么，潜意识就相信什么并做什么。

有一位老太太，年轻的时候记忆力非常好。不过随着年龄的增长，记忆力也像许多人那样开始减退，这令她禁不住担心起来。每次丢了东西，她都忍不住想是不是因为自己老了，记忆也开始衰退了。于是她的心中就产生了一种潜意识：我的记忆已经衰退了。在这种潜意识的影响下，她的记忆力越来越差，最后几乎到了转身就忘的程度。

后来，她决心扭转这一局面。每当"我的记忆已经衰退了"出现在她脑海的时候，她就强迫自己停下来，并进行积极自我暗示："我的记忆力和我年轻的时候一样。"就这样坚持了一个月之后，她的记忆力就恢复了正常。

自古以来，一些杰出的人物就已经知道了潜意识所具有的巨大力量，并将其尽力发挥出来，最终取得了非凡的成就。一个人若能相信并活用自己的潜意识，可使你过去未曾察觉的长处有所发挥，而创造出自己意想不到的美好人生。

"我长大后要去打 NBA。"如果这是姚明小时候说过的话，你也许会相信，但如果从一个成年后才 1.65 米的人口中说出，你一定会哈哈大笑。然而，这个人却将此信念牢记心中，在潜意识的影响下，最终实现了这一梦想。他就是博伊金斯。

这个高人林立的世界里混口饭吃，没有 1.80 米以上的身高，简直如同痴人说梦。NBA 历史上，球员最矮身高纪录是前黄蜂队员博格斯的 1.60 米，1.65 米的博伊金斯就紧跟他后头排在历史第二。因为身高原因，博伊金斯的篮球之路注定不会一帆风顺。就读东密歇根大学时，博伊金斯就被教练员勒令改身高。原因很简单，当时他的教练员就是觉得队里的后卫个子这么矮是件丢脸的事，但博伊金斯承诺，他将会成为这个学校有史以来最出色的球员。从那之后，他苦练球技，尤其是他控球的方法多样，令人防不胜防。渐渐地，隐藏在他身上的篮球潜能迅速被挖掘了出来，他的球技出神入化，终于成为全能的篮球队员。

成为校史最佳不难，但要成为 NBA 一个真正出色的控卫对博伊金斯来说真的很难。1998 年大学毕业后，自信的博伊金斯觉得自己能在第一轮就中选，结果当年他落选了。此后的三四年中他一直在各支球队中流浪，十天的短工对他来说成了家常便饭，因为所有的球队都只想用他来救急而不想让这个小矮个成为自己稳定阵容中的一部分。网队、骑士、魔术、快船……哪怕他再腻烦这种生活，他还是得继续流浪。

直到入行 4 年后，博伊金斯才在金州勇士队打满了一个赛季，后一年他和掘金队签订了一份四年的长期合同。在这里，新的球队给了他最大的信任，也让他发挥出了全部的实力，球迷喜欢他，队友喜欢他，教练同样信任他，他也被人看作是美国篮球史上最伟大的控球后卫之一。掘金队的总经理范德威奇是这样评论博伊金斯："人们由于只注意他的身高而低估他的能力，可是你无法估量他的心。"

"人生将以自己所思所绘的愿望来实现自己"，这是一项永远不变的法则，这是潜意识最伟大的力量。因此，一旦有了潜意识，就能产生惊人的能力，它对一个人的思考、心情、感性、理性，以及其他所有心理上的行动均能产生作用，使我们的注意力更加集中，从而更容易取得成功。

假设你想要成功，就不断去想"我一定会成功"；假设你想赚钱，你就不断去想"我一定会很有钱"；假设你想要让自己的业绩提升，你就不断去想"我的业绩一定会不断地提升"。不断地去想，你的脑子里就会产生相应的潜意识，你的所有的思想和行为都会配合潜意识，朝着你的目标前进，直到达成目标。这就是一些成功者能够事业有成的秘诀。

成功运用潜意识要遵循五大原则：

（1）简洁：你的自我暗示用语要简单有力。例如，"我越来越成功富有"。

（2）积极：这一点是极重要的。如果你说："我不要失败"，这消极的语言会将"失败"这观念印在你的潜意识里。因此，你要正面地说："我越来越成功富有"。

（3）信念：你的自我暗示用语要有"可行性"，令你心里不会产生矛盾与抗拒。如果你觉得"我会在1年之内赚100万元"是不太可能的话，选择一个你能够接受的数额。例如，"我会在1年内赚30万元"。

（4）想象：默诵或朗诵你自己定下的语句时，你要在脑海里清晰地见到自己已经变成理想中的那个人。

（5）感情：想象自己健康，你要有浑身是劲的感觉。当你朗诵或默诵你的自我暗示用语时要把感情贯注进去，否则光嘴里念着是不会有结果的，你的潜意识是依靠思想和感受的协调去运作的。

如果你掌握了潜意识要遵循的这五大原则，并运用到实际工作、生活之中，那么你一定会实现你心中的梦想，达到你预定的目标。

# 小有成绩，切不可飘飘然

春秋时期，齐桓公进攻鲁国，攻无不克，不只占领了鲁国大片土地，连前来救援的卫国都成了他的手下败将。鲁魏两国连忙向晋国求救。晋国意气风发，千里迢迢地率领着八百辆战车来与鲁、魏两国会合。然而，齐国士兵个个骁勇善战，他们连夜摸黑独闯晋军大营，不但引起晋军一阵慌乱，还夺得一辆战车，大挫对方的士气。

齐桓公连打胜仗，有些飘飘然起来，自觉天下无敌，便与联军约定次日清晨决战。次日清晨，三国联军已经严阵以待，齐军却显得非常散漫，连阵局都尚未布置好，齐桓公就要下令开战。身边的大将连忙劝阻，建议多等一时待布好阵后再下令开战。但齐桓公根本听不进去，结果，因为缺乏准备，还没到达敌方，齐军就已经被杀得片甲不留。

由于齐桓公的轻敌和骄傲，造成无法收拾的残局。这就是所谓的"骄兵必败"。人们常常因为爬得比别人高，就以为自己高高在上，而忘了一山还有一山高。站在比你高的地方的人看你的时候，你同样是渺小的。骄傲的人，通常只能落得失败的下场。自古以来，警戒人们不要骄傲的格言、名句不胜枚举："居上位而不骄""谦受益，满招损""放荡功不遂，满盈身必灾""谦逊使人进步，骄傲使人落后"等等。可是尽管如此，骄傲却像幽灵一样一直代代相继。

我们周围的许多人在取得一点儿小成绩后就忘乎所以，飘飘然起来，开始吹嘘起自己过去光辉的历史，一开口就是"我年轻时……"或"想当年……"等。他深知，对方绝不可能去加以证实，因此，他乐于此道。然而忽略了一点，那就是别人在听这些话对，一点也不觉得有趣，聆听他人的失败经验，或许还能获得教训，而听一些自我吹嘘、自我夸饰的话，则是毫无所得。可笑的是，许多人都容易犯这个毛病。

这种自我表现的欲望，不只是未成熟的年轻人才有，即使那些德高望重的年长者、政治家、企业家也无可避免。所谓"愈成熟的稻穗愈往下垂"，一个真正有涵养的人，往往也是最谦虚的人。

飘飘然的心态每个人都有一些，在取得成绩时希望让人知道，最好能受到赞美，这种心理很正常。但是你要知道每个人都讨厌别人的吹嘘。有涵养的人会顾着你面子，假装微笑，假装欣赏，但并不是每个人都这么有涵养，很多人会在你吹嘘自己的时候很冷静地刺你一下，把你自我吹嘘时不小心露出的漏洞给捅出来。

取得成绩，可以增强自信。但如果飘飘然起来，那么自信就会变成自大。自大就是自满，自满就会失败，这是最需要警觉的。有日本"经营之神"美誉的松下幸之助曾指出：松下电器公司成为知名企业之后，自己最担心的就是一些员工骄傲自满、妄自尊大。虽然公司在企业界和社会上有了崇高的地位，但更应该加快自身的发展，为社会做出更大的贡献。

张扬未必长久，谦恭未必短暂。对于做人来说，还是谦虚一些比较好，不显眼的花草少遭摧折。谦虚，能使人心无旁骛，专注做好眼前的事，从而成就自己的未来。

取得成绩但不骄傲的人才会在职场上受到欢迎，并取得成功。有了一点点成绩，或是取得了一定的成就，就开始骄傲自满，开始目中无人，开始张扬自得，会惹得大家心中愤恨，招来上司的不满，同事的嫉妒，客户的怨言，以致毁了自己的前程，这样的人是很难有大出息的。

彭京在博士毕业后应聘进入上海某食品公司，担任市场部经理。由于成绩突出，老板对他很是青睐，虽然职位只是经理，但在许多方面他已经可以与公司副总平起平坐。老板的支持也让彭京热血沸腾。

春节来临，公司筹备"促销计划"，在拟定好推广计划后，彭京忽然提出新的建议，这个想法不仅否定了前面所有的工作，而且存在不小的风险。不过意想不到的是，老板竟然同意了。但自信并不代表着胜利，彭京的计划失败了，公司损失惨重。正当同事为他的前途担忧时，老板竟然将这次失败的责任全部承担了下来。

转眼到了第二年，在"五一"市场大战中，公司取得了显赫的战果。公司举行了盛大的庆贺晚宴。在晚宴上，彭京有些得意忘形了，逢人就说："看到了吧，一切都是我的创意，公司没有我是不行的……"飘飘然的他没看见老板的脸当时就黑了。三个月后，老板找了个理由，让彭京离开了公司。

一般来说，老板可以容忍下属犯错误，但无法容忍下属自高自大，骄傲自满。彭京没有理解这个道理，只能无情地被踢出局。

工作中的谦虚是当你取得某项成绩、获得某项荣誉时，并不认为是自己一个人的功劳，而是离不开领导的关爱、组织的培养和同事的协作，并把鲜花和掌声当成一种鞭策和鼓励。

世界上许多具有影响力的成功者，如卡耐基、卡特、韦尔奇……这些人中没有一位是靠着自己的吹嘘而功成名就的，他们都是自己事业虔诚的信徒，在工作中忘我地投入，在功劳与声誉面前却谦逊退让。正是这种谦逊的品质，让这些成功者赢得了人格上的尊重，事业上的成功。所以，谦逊是每一个事业有成者必须具备的一种良好素养。

## 自我反省，查漏补缺

夏朝初建，诸侯有扈氏不服，割据一方，举兵叛乱。夏朝君主伯启亲率大军征讨，结果大败。他的部下很不服气，要求继续进攻。但是伯启说："不必了，我的兵比他多，地也比他大，却被他打败了，这一定是我的德行不如他，带兵方法不如他的缘故。从今天起，我一定要努力改正过来才是。"

从那之后，伯启每天很早便起床工作，平时粗茶淡饭，衣着朴素，关心百姓，任用有才干的人，尊敬有品德的人。就这样过了一年，有扈氏知道了伯启的行为，不但不再举兵叛乱了，还亲自来到伯启的面前请罪了。

上述故事出自《尚书》，通过这个故事我们知道了自省的重要性。所谓自省，就是自我反省，自我检查的意思。自省是一个人得以认识自己，分析自己，并有效提高自己的最有利途径。人们通过自我反省，能够达到查漏补缺的目的。

上天讨厌那些不会自我反省的人，也很少将恩泽洒到他们身上。如果你不注意你的身体，讳疾忌医，刚开始可能只是得疥癣之疾，任其恶化，就会长成危及生命的毒痈。同样，如果你不及时反思自己的思想行为，你的生命力就会逐渐退化，最后变得平平庸庸。

因为没有自省，你就会觉得自己已经相当不错了，不需要改变什么，这样你就失去了前进的动力，更不会有相应的行动。你的生命就会笼罩在过去的阴影之中，看不到光明。

只有自我反省，人才能慢慢走向成熟，人格才能不断趋于完善。只有自我反省，做人才会越来越成功，生活才会越来越幸福。只有经常自省的人才能在上帝关上一扇门后，发现他留出的另一扇窗。

养成自我反省的习惯是非常有必要的，明代著名的学者湛若水认为，君子的全部内涵，只不过是反省、反己而已。

犹太民族是一个非常优秀的民族，这个民族最显著的特点之一便是习惯于反省，每个周六，这个民族的人都会做长时间的反省。在第二次世界大战期间，犹太人遭受了毁灭性的打击，但在战争过去以后，他们找到了"上帝留下的窗口"，迅速崛起，重新屹立于世界民族之林。这很大程度上得益于他们的自省意识。而那些没有自省习惯的人，即使那扇通向成功的窗户摆在面前也会视而不见，甚至亲手把它关闭。

避免失败，就需要自我反省，勇敢地面对它。如果我们像受伤的小鹿一样拼命地避免它们，我们就遁入一个怪圈，你越想逃避，失败越是如影随形。如果你害怕老板责骂，却不知反省，你的老板责骂最多的人就是你；如果你怕孤独，却不问问为什么会孤独，你会发现周围的朋友越来越少……老天爷就是用这样的方法促进我们反省，鼓励、帮助我们成长的。

善于自省的人可借此实现自己的人生愿望。如果我们能够不断反思自己现在的处境，努力寻找解决方法，总结失败的教训，并全力以赴去改变，这样我们就可以脱胎换骨，获得成功。

没有深刻的自省，人们就会因为疑虑困惑而停滞不前，甚至不肯迈出一小步。他们会一直等待，不敢前进，好像前面是万丈深渊似的。他们不愿意全力以赴，更不会破釜沉舟，因为根本不知道问题出在哪里。只有通过自省，弄清楚如何改进之后，我们自身才会充满力量，激发出我们潜在的能力，成就光辉的未来；才会在最恶劣的情况下，也相信前途是光明的，也会寻找机会从失败转向成功。在一个能够自省的人眼中，世界上再没有任何艰难险阻可以妨碍他走上成功的道路。

人们通常在犯了错误、受到批评的时候比较容易警醒。但在成功和荣誉面前，大部分人就会飘飘然、不知所以了，而这时的自省是最重要的。这时候的自省能够防微杜渐，把过错消灭在萌芽状态。

有一次，拿破仑得意地对秘书布里昂说："布里昂，你也将会永垂不朽了。"布里昂不明白这是什么意思，拿破仑于是进一步说："你不是我的秘书吗？"

布里昂是个有自尊的人，但对这句无礼的话，又不能直接反驳。于是他反问道："请问亚历山大的秘书是谁？"拿破仑张口结舌，无法回答。他听懂了布里昂的意思：亚历山大大帝的秘书都不为人所知，何况是你拿破仑？

拿破仑听后，略一沉思，对着布里昂称赞道："问得好！"

是什么让拿破仑瞬间收敛了傲慢无礼、狂妄自大的姿态？是一颗勇于自我反省的心。因为自省，他冷静沉着；因为自省，他不再自大。

对于企业员工而言，自省主要是认识到自己的缺点，修正工作中的不足。对于自己工作中所犯的错误，不会检查、不会修正、不把自己的短板补上，那么你学的越多、前进得越快，留下的漏洞就越多，最后导致"千里长堤，毁于蚁穴"的后果。

那么，我们应该如何自省，达到查漏补缺的效果呢？

第一，把自己放在别人的角色中。自己站在别人的角度思考，从多元的立场看事情。可以针对某个议题，思考一下其他人可能会怎么想。

第二，以不同的方式思考。不同的人偏爱不同的行为方式，有些人主要目标是把事情完成，有些人主要目标是了解事情的意义。以多元的方式思考事情，可以增加自己对事情了解的深度。

第三，将重心放在未来。当将思考的焦点放在过去时，容易流于以过去的角度思考，很难看到缺陷。相反地，当思考的焦点放在未来时，注意力会放在可以采行的行动上，知道缺陷在哪里。

第四，善于倾听。当自己成为倾听者时，比较有机会听到别人的看法，刺激自己以新角度思考问题。

一个出众的人，必定是一个能够自省的人，他会在追逐梦想的过程中不断反省自己的行为，也会虚心听取别人的意见，在别人的批评中吸取营养，使自己变得更完美。一个人具有了反省精神，他总能看到别人身上的优点，不会因为别人的优秀而产生嫉妒心理，而是以一颗欣赏的心去对待别人，并且向他们学习。他更不会抱怨社会的不公，反而会感谢社会给予自己的机会及帮助。

　　自我反省，是一个人走向成功的基础，一个人只有学会了自我反省，才能查漏补缺，从而走向成功。

# 第七章

# 好走的路大家都在挤，开辟属于自己的路径

在生活的旅途中，我们总是日复一日地按照一种模式运行，从未尝试走别的路，往往会衍生出消极厌世之感。这时，就需要我们"另辟蹊径"。苍松放弃了平坦的土地，选择了山峰才会更加高大；仙人掌放弃了湿润的草地，选择了沙漠才会更加坚强。表面上看，"另辟蹊径"似乎偏离了初衷，但实际上却是一条更快更稳地到达目标的捷径。不错，执着固然是成功的一个必备条件，但假如你走进一条死胡同，就应该"另辟蹊径"，否则你只会撞得头破血流。

## 做别人想不到的生意，赚别人赚不到的钱

这个故事恐怕大家早已熟知了：两个欧洲人前往南太平洋赤道附近的一个国家去推销皮鞋。那个地区非常炎热，当地人向来都是打赤脚的，没有穿鞋子的习惯。第一个推销员看到这里的人们都打赤脚，十分失望，就向总部发了一封电报，说："这里的人没有穿鞋子的习惯，没有市场可以开发。"然后沮丧而回。相反，另一个推销员看到这里的人都打赤脚，却惊喜万分，立即发电报给总部："这里的人都不穿鞋子，这里是一个广阔的市场。"于是，他留了下来，并想方设法引导当地人购买皮鞋，结果他拥有了一个广阔的市场。

一念之差，导致了天壤之别的结果。同样是一个地区，同样面对打赤脚的人群，只是因为思维方式的不同，造成了不同的结果。

求富之心，人皆有之。在当今，"重农抑商"的思想早已被人们摒弃，一个又一个的商海弄潮儿早已在人们心中成为了英雄。投身商海，做生意，无疑是致富的一条光明之路。但是，虽然现在的大形势良好，做生意也是不能随心所欲，胡乱操刀的，必须把智慧用到巧处，把力量用到妙处，这样才可以确保自己赚到金钱。当今，商海早已不是三十年前的蓝海，要想在商海中开创出自己的一片天地，必须要悟透他人不能悟透的经商真谛。因此，精明的商人总是千方百计地去做别人所想不到的生意，才能使自己立于不败之地，赚到别人赚不到的钱。

蜡烛，本是平常之物，但是金王集团的创始人却让同样的蜡烛发出不一样的"光芒"，在商海中闯出了一条金光大道。

陈索斌，在美国留过学，有经济学硕士的头衔，是一个名副其实的"海归"。他所学的专业与蜡烛无关，在创业之前也从未与蜡烛行业有过任何接触。为什么他会选择时尚蜡烛作为自己的创业方向呢？原来，1993年的一天晚上，陈索斌到一位朋友家中做客。突然，屋子一下子黑了，原来是停电了。朋友的妻子赶紧找出一截红蜡烛点上，红彤彤的蜡烛一股股地冒着黑烟，忽明忽暗。朋友的妻子在一旁抱怨说："如今卫星都能上天了，怎么这蜡烛还是老样子，谁要是能捣鼓出不冒黑烟的蜡烛，说不定能得个诺贝尔奖什么的。"

本来这样一句不经意说出的话，却深深地触动了陈索斌的内心。通过调查，陈索斌发现，全世界每年蕴藏着120多亿美元的烛光制品需求量，其中欧美等发达国家与地区占75%以上份额，全球围绕蜡烛产业所生产装饰配套的烛台、工艺品、花等约占这个市场的37%的额度，特别是以玻璃为配套的产品占的比例达到25%以上。也就是说，玻璃烛台等制品每年在全球将产生不低于30亿美元贸易额。这让他看到了一个广阔的前景。说干就干，就在同一年，陈索斌扔掉了"金饭碗"，与四个朋友一起东拼西凑，集齐了不足2万元资金，办起了小企业，开始规划金王的创业和发展蓝图。不久，"金王"成了中国的时尚蜡烛之王。随着"金王"的成功，陈索斌自然而然也就成了亿万富翁。

对蜡烛黑烟的抱怨，相信不只陈索斌一个人听到过，为什么只有他抓住了这个机会呢？这只能归结于陈索斌比一般人更为强烈的商业敏感，做了一个别人想不到的生意。他的经历也告诉我们，要想做别人想不到的生意，就要善于从奇处着眼，从冷门入手，从细处发力。从奇处下手能让你的事业事半功倍，从冷门入手能使你避开竞争对手，从细处着手能帮你以点带面，人弃我取，小处着眼，深入挖掘。

生意的成败取决于一个人的思路。一个好的创意，就是一笔财富；一个好的想法，就是一座金库。有了好的创意，即使是陈旧的项目，也同样变得勃勃有生机；有了好的想法，即使是身处逆境，也能有反败为胜的机会。

财富，许多人求之而不得，更不会主动送上门来。要想成功、获得财富，就需要我们从司空见惯的事物里发现新的商机。要想赚到钱，就得发现他人未发现的东西，就得做他人因心理定势作祟而不愿做的事。成功的商业人士之所以能够发现别人未发现的东西，做了别人想不到的生意，就是因为他们习惯于细心观察、用心思考。所以，你如果想赚到钱，也必须仔细考察各行各业的行情走势，深思熟虑，总结经验。只有这样，你才能从众多的商人里脱颖而出。

对于当今的国人来说，化妆品早已走入了寻常百姓家，化妆品市场已经趋于饱和状态，要想在这个领域有所作为，必须有一个新的创意。聚美优品就是利用新的创意——网络上销售化妆品，从而在这个领域创造了一番新天地。

聚美优品，其前身为团美网，2010年3月由陈欧、戴雨森、刘辉三人创立于北京。2010年9月，团美网正式全面启用聚美优品新品牌，并且启用全新顶级域名。

聚美优品的宗旨为"聚集美丽，成人之美"，致力于为用户提供更优质专业的服务，让变美更简单，其本质上是一家垂直行业的 B2C 网站，但有着很多很多的创新。聚美优品坚持只从品牌厂家、正规代理商、国内外专柜等可信的进货渠道采购商品，并在采购部专门设置自己的质检员，保证了产品的质量，并让消费者拥有良好的服务体验，进而取得消费者的信任。凭借口碑传播，短短一年半就从月销售额不足 10 万元发展到当月销售上亿元的规模。从 2010 年 3 月成立至今，聚美优品拥有 300 万注册用户，占女性化妆品团购市场份额的 80% 以上，是国内最大的化妆品团购网站，开创了一个以团购模式呈现的电子商务奇迹。

聚美优品的投资方评价说："网购化妆品也是近两年刚刚出现的事情，是聚美优品改变了人们购买化妆品的消费习惯。"

做生意赚钱是许多经商者的梦想，可在市场竞争日益激烈的今天，仅靠死打硬拼是不可能取得成功的。事实上，财富就在你的身边不远处，只要你能想得多一些，想得大胆一些，多一些创意，腐朽就会变神奇！"穷则思变，变则通，通则久。"这是宇宙间亘古不变的真理。因此，在波谲云诡的商场上，一定要通灵应变，抓住机会，通过变化不断找到别人想不到的生意。要想在商战中处于不败之地，也必须时时想在人前，在别人没想到的时候先想到，这样才能走出一条与众不同的生意之路来。

大多数人之所以平庸，是因为他们的眼球总是跟着社会的热点走，很少会有人从热点的背后看到一些有价值的机会。只有那些有心人可以洞悉到被这些跟风者们所忽略的商场盲点，这些盲点在他们手中瞬息之间就变成了财富种子。

# 善于利用工具，学会借力使力

美国的一出版商出版了一本书，由于选题定位不是很好，所以，书出版之后一直滞销。他冥思苦想，终于想出了一个好点子：给总统送去一本书，并征求意见。总统由于很忙，开始没有给他任何意见。于是，书商三番五次去争取，日理万机的总统只好回信打发书商，但只一句话："这本书不错。"

得到总统的回信，出版商如获至宝，立即以总统的意见大作广告——"一本总统认为不错的书"，结果，滞销的书很快被抢购一空。

一段时间后，出版商的另一本书又出现了滞销，于是他又给总统寄去一本并征求意见。总统由于上了一回当，想对出版商奚落一番，于是回信说"这本书糟糕透了。"不想出版商鬼点子很多，他又在报纸上大作广告——"一本总统讨厌的书"，于是不少人出于好奇争相购买，结果书商又是大赚了一把。

又过了一段时间，出版商还是把一本滞销的书送给了总统。总统接受前两次的教训，便没有做任何评论和答复。结果，出版商又打出广告——"一本令总统难以下结论的书"，结果仍然购者云集。

这个故事虽然有些调侃的味道，但通过这个故事，我们不得不佩服出版商的聪明，而他的聪明之处就是他拥有并利用了一个观念——借力使力。

"登高而招，臂非加长也，而见者远；顺风而呼，声非加疾也，而闻者彰。假舆马者，非利足也，而致千里；假舟楫者，非能水也，而绝江河。君子生非异也，善假于物也。"

早在 2000 多年前，荀子在《劝学》里就提出了借力使力的观点。而自从造物主制造了人类以来，极富智慧的中华民族祖先在确定人字怎么写的时候就形象地表达了人与人相处的一种本能需要和生存哲学，一撇一捺，相互支撑，这就是

"人"。

"一个篱笆三个桩，一个好汉三个帮"，可以说，一个人的成长、一个企业的成功都是别人帮助的结果。懂得借力的人总是更容易走向自己想要的成功，借力使力的确是追求成功的过程中不可小看的一个重要观念。

在泰国，有位叫库特的老板经营饭店20多年，积累了许多成功的管理经验，当有人问及成功的秘诀时，他总是微笑着回答："要懂得借力使力，让客人来宣传你。"

有一次，从欧洲来的几位客人乘库特所经营饭店的轿车前往饭店，但他们知道曼谷的交通要道时常出现堵车现象，因而对前来接待的饭店侍者说要改乘小船，从湄南河口进饭店。此时，旅游船早已开走，再说饭店按客人原来的要求已在房间备好晚餐，现在这么一折腾，计划不仅打乱，接待人员还要晚下班。然而，侍者没有半句怨言，满脸笑容地带这几位客商到码头，出高价租了一只小船，送他们到饭店去，重备酒菜。欧洲客人对饭店的服务赞不绝口，逢人便夸饭店的管理一流。为此也给库特招揽来了许多客人。

客人的宣传作为一种客观存在，对顾客的心理产生的影响是不容小视的。"王婆卖瓜，自卖自夸"总不如来自他人的称赞。库特的认识是独特的，他懂得旅客是口碑最好的树立者、宣传者。如果能让客人满意，客人们时过境迁后仍能记忆犹新，他们的住店选择及介绍言词，就是最生动的招揽客人的广告。

现在，我们已经生活在一个信息高度发达的社会，离开了别人别说成功，就是立足都成问题。一个人的高品质的生活，都是别人帮助的结果；一个人的成功，也都是别人帮助的结果。所以，我们必须要学会借力使力，有了借力使力的观念，相信我们会拥有更多更好的人际关系，它是确保我们过得更好不断成功的基础。

美国一位网络公司销售员这样讲述他的成功史："开始时，我只是为一些小公司提供系统集成方案。而和他们熟悉之后，渐渐地，一些业内人士的聚会场合会有人提到我的名字，然后几个人会附和地谈论几句。一天，一家很有专业名气的 A 公司找到我，要购买产品。虽然它开价不高，我还是高兴地接下了这个活计。完成这笔交易后，越来越多的公司开始找上我，有的直接说按照 A 公司的模式给我来一套。后来，我在这个行业中有了很好的名声，许多公司需要相关产品服务的时候，会第一个想到我。而一些新开张的公司向业内资深人士打听情况时，我也会被推荐。"

"我想，当很多人都说'对，我认识他，他给某某公司做过类似项目'或者'去找他吧，他专门干这个的'时候，成功就到来了。"

这就是所谓的"邻近效应"，一个人做出决定，通常会受到周围人的影响，而且在潜意识中，人们也更容易相信自己身边熟悉的人，或者由熟悉的人所推荐的人。而你如果巧妙地利用了这一点，也就说明你学会了借力使力。

在同一公司、同一行业内的人之间，往往因为邻近效应而产生相互影响。因此，如果你在同一个公司认识很多人，这对你会非常有利。在一家公司开会讨论订单该给谁的时候，如果有人提到你的名字，别人也认识你，这种情况会让不太熟悉你的人觉得："他是大家的熟人，在这方面有着良好信誉"。这样，订单落到你手中的可能性就会大大增加。

同样，如果在同一行业认识很多人，也会有利于提升你的专业形象。如果在业内人士的聚会下，大家能提到你的名字，那么其他人就会认为："他是一个够资格为我们提供服务的人，是这一产品的专业销售员。"这无疑会提升你的专业形象，甚至带来新客户。

那么，我们要想成功，应该如何借力使力呢？

第一，抓住形势。俗话说："与其待时，不如乘势。"红顶商人胡雪岩也曾经说过："顺势是眼光，取势是目的，做势是行动。"乘势是成功的一个主要因素，乘势在军事上表现为四两拨千斤，而在商场上就是一笔巨大的财富，有人凭借乘势一夜之间成为百万富翁，有人不会乘势，只能眼睁睁地坐失良机。

第二，巧妙利用竞争对手。见到敌人就要赶尽杀绝，这是出于本能而行动的短虑浅见的做法。作为老谋深算的军事指挥者，连敌人也要加以利用，使其有存在的必要，这就是"用敌于我"的谋略。

第三，善于与人合作。一位哲学家曾经说过，如果你能够使别人乐意和你合作，不论做任何事情，你都可以无往不胜。现代管理学认为，企业家之所以能够成为企业家，是因为他们具有超强的合作能力。合作可以让我们取长补短，优势互补。合作给别人带来发展，也能给自己带来成功。

第四，善于吸取别人的经验。牛顿说："如果我看得比别人远，那是因为我站在巨人的肩膀上。"自己摸索致富技巧要花的时间太长，甚至有时要付出一些不必要的代价，因此要学习别人的经验，或是向别人请教，这样你可以尽快地学到真正的本领。

没有谁可以独步天下，每个人都有自己的优缺点，当凭借自己的力量没有办法实现自己的目标时，设法去找到可以帮助自己的人，让别人的智慧取代自己的愚笨。成功靠别人，我们的每一次进步，我们的每一次成功都或多或少离不开别人的帮助和支持，别人凭什么帮助和支持你呢？所以，要想打好借力使力这张牌，必须要注意一点：你必须有一定的实力或影响力。当你拥有实力、拥有影响力的时候，你自然就成为了别人的资源成为了团队的资源，当你是别人资源、团队资源的时候，你自然就会从别人或团队那里借到力。

## 找准定位，让自己无可替代

杜罗夫是俄罗斯著名的马戏丑角演员，他技艺精湛，表演惟妙惟肖，极具艺术感染力。有一次，杜罗夫在观摩演出休息时，一个观众傲慢地走到他面前，讥讽地问道："丑角先生，观众对你非常欢迎吗？"杜罗夫瞧了瞧他，知道不怀好意，便不动声色地答道："还好。"

"作为马戏班中的丑角，是不是生来有一张愚蠢而又丑怪的脸蛋，就会受到观众欢迎呢？"来人咄咄逼人，自以为杜罗夫会羞得无地自容。

"确实如此。"不料杜罗夫竟然悠闲地说，"先生，真可惜啊！如果我能生一张像您那样的脸蛋儿的话，我得不到一分钱的薪水。"

古语云："知人者智，自知者明。"一般而言，社会阅历多、社会经验丰富、个人修养水平高的人，就能比较好地了解自己。杜罗夫虽然其貌不扬，但是找准了自己的位置，找到了适合自己的工作，依然能够获得成功。

古往今来，那些成就显著的人之所以能够成功，无不得益于他们有着正确的自我评价和自我定位。只有对自我价值做出客观的评价，并根据自己的实际状况做最恰当的定位的人，才能够获得成功。正确定位自己，首先要认识自己，认识自己的长处，也要认清自己的不足，接受自己并不完美的现实，从实际出发，从自己现有的条件出发，以此来发展自己，才能实现自己的人生目标。

朱明瑛，是我国蜚声中外的歌舞表演艺术家。她集美声、民族、通俗唱法于一身，能歌善舞的特殊才华给中外观众留下了深刻的印象。她出访过 19 个国家，能用 26 种语言表演不同国家民族风格的歌舞。她的表演魅力征服了世界各地的观众，在国际上享有盛誉。那么是什么使她取得了如此成就呢？原因很多，比如坚忍不拔、吃苦耐劳的品格以及对艺术的献身精神等等。然而，有一点是最不能忽视的，那就是她能够清醒地认识自我，为自己找到了准确的定位，发挥了自己的特长，使自己具有了无人能替代的特殊本领，从而赢得了观众的心。

朱明瑛曾经这样描述她在为自己寻找定位时的心态变化："你知道吗？我曾经一夜一夜地睡不着，看着天一点一点地亮起来，内心却一点也无法平静下来。我不断对自己进行分析。我想，我乐感好，学外语的接受能力强，还有这么多年的舞蹈训练。我把我的舞蹈、外语和音乐方面的才能结合起来，是可以闯出一条一边舞蹈一边演唱外国歌曲的新路子的。亚非拉的艺术很需要载歌载舞，团里还没有这样的演员，我要来填补这个空白。"

这个世界上，最了解自己的人大概只有自己了。认识自己，发挥主动性，走别人没走过的路，根据自己的特点，运用自己的主见，培养不同于其他人的特殊才能，找准自己的定位，就一定能成功。

跳槽和创业是当今职场习以为常的事情，这给人们心理也带来影响，即不再认为重新选择职业是不对的。经济快速发展会给人们带来更多的就业机会，人们往往想抓住机会，而不愿意让机会眼睁睁地溜走，但这时重要的是要考虑你能否驾驭机会，当机会属于你时，是否可以成为你展现才华的舞台，否则，要学会谨慎选择，必要时放弃一些诱惑。择业的前提是要知道自己想要什么，自己的定位在哪里。

在我们身边，常常会听到"职场杂工"这个词。所谓"职场杂工"，并不是指在公司里打杂的人，而是不停地转行，更换多种职业，这些人在不同岗位和不同职业间跳来跳去，做过的事情犹如"杂工"。最后却发现自己无论在哪个位置都不具备优势，最终在职业发展道路上迷失了方向。

与在同一行业反复跳槽的"跳跳族"不同，"职场杂工"总是徘徊在不同的行业间，他们不是"万金油"，而是"周身刀，没一把利"，不仅浪费了时间和精力，还降低了竞争力。这类人在职场中绝非少数，如果他们真的是遇到发展"瓶颈"，或所从事的是没有希望的职业，果断地做出决定也未尝不可，但很多人却存在"在职厌职"的情绪，即使行业前景一直存在，但始终觉得未来没有希望，似乎非得跳槽到陌生行业才能看到曙光。不幸的是，当他们从事新工作后，又开始重蹈以前的覆辙。

"职场杂工"的错误根本在于，没有真正认清自己，没有找准自己的定位。正确地认识自己，就要面对真实的自己，勇敢地接受自己，承认自己，不能因为自己有缺陷与不足而自卑、自轻、自贱。放弃对自己的偏见，因为你在生活中是会不断变化、不断发展的。有些人不愿意承认自己的不足，没有勇气接受自己的缺陷，极力掩饰或者刻意伪装，这样就会形成病态人格，无法实现成功的人生。

著名管理学家德鲁克有个"经典五问"：（1）我是谁？什么是我的优势？我的价值观是什么？（2）我在哪里工作？我属于谁？是决策者、参与者还是执行者？（3）我应做什么？我如何工作？会有什么贡献？（4）我在人际关系上承担什么责任？（5）我的后半生的目标和计划是什么？

如果没有目标，只是屡次更换工作，那么，德鲁克那五个重要的问题，就始终没有答案，人也会因此迷茫痛苦。每个人的职业发展，终究来说责任人是自己。如果觉得自己已经是"职场杂工"，不妨回答一下德鲁克的"经典五问"，帮助你认识自己、了解自己。

找准你人生的定位，这是你成功的关键，也是你人生真正开始有意义的起点。只要找准了，即使身残如史铁生、霍金，也是可以开拓出无限空间的。奥运冠军刘翔，如果他当年一意孤行练习跳高，今日必将淹没于茫茫人海中。而他转而投向跨栏，凭借着有利的身体优势和刻苦训练，终于成才。可见找准自己的人生定位有多么重要！

在漫漫人生中，我们终不能充当所有角色，只能给自己找一个位置。每个人的潜能都是巨大的，每个人都有独特的个性和长处，每个人都可以发挥自己的优点，让自己光彩夺目，在社会中展现与众不同的风采。所有的职业无所谓好坏，关键看是否适合自己，找准了自己的定位和发展的方向，让自己具有着无可替代的优势，这样才能尽早崛起，实现自己的梦想。

## 蝴蝶想要飞，先给自己做一个茧

南极，是地球上最后一块被人类征服的大陆。在 20 世纪初期，登上南极点，成为许多探险家试图征服的新目标，挪威人阿蒙森就是其中之一。在当时，南极还是一块未知大陆，寒冷、冰川、冰缝，种种恶劣的自然环境更是让人望而却步。阿蒙森从小喜欢滑雪旅行和探险，他是世界西北航道的征服者，曾经 3 次率探险队深入到北极地区，创造了不少探险记录。当他宣布要征服南极点时，人们在佩服他的同时，更多的是担忧。无疑，阿蒙森给自己做了一个"茧"，如果他无法征服南极点，不仅之前的成就会付诸流水，而且可能性命难保。

阿蒙森毕竟是阿蒙森，他相信自己，相信自己能破茧而出。1911 年 9 月，阿蒙森带领探险队向南极大陆进发了。阿蒙森等 5 人乘着由 42 条爱斯基摩犬拉的四架雪橇，向南极极顶驶去，越往南走，路越艰险，冰缝越来越多，一不小心就可能丧命；南极高原，山脉连绵不断，光滑的冰山难以攀爬；迎面扑来的暴风雪，好似刀刮。他们五个人用绳子栓在腰间，连成一串，每走一步都要小心翼翼地查看脚下地形，因为到处是冰裂缝和可怕的海底深渊。就这样，他们克服重重困难，终于登上了南极点，在人类对自然的征服史上写下光辉的一页。

美丽的衣裳，飘逸的体态，自由的飞舞，这是毛毛虫心中的梦想。为了变成美丽的蝴蝶，毛毛虫为自己做了一个坚硬的茧，将自己束缚在里面。为了心中的执著，让苦难变成了梦想的翅膀，最终，毛毛虫破茧而出，蜕变成了漂亮的蝴蝶。破茧成蝶是一个结束，也是一个开始，当毛毛虫从层层茧里一破而出的时候，他们的天空将变得美丽非凡。

实际上，现实中的人也是这样。一个人想要超越自己，想要创造自己的明天，也要先给自己一个茧，树立一个远大的目标。然后在寂寞中，努力奋斗，忍受阵痛，最终破茧成蝶，成就梦想。如果没有远大的目标，没能给自己一个茧，那就很难走向成功。

美国汽车工业巨头福特曾经欣赏一个年轻人的才能，他想帮助这个年轻人实现自己的梦想。可是，这位年轻人的梦想却把福特吓了一跳：他一生最大的愿望就是赚得 1000 亿美元——超过福特现有财产的 100 倍。

福特问他："你要那么多钱做什么呢？"

年轻人稍微迟疑了一会儿，说："老实讲，我也不知道，但我觉得只有那样才算是成功。"

福特说："一个人倘若真要拥有那么多钱，将会威胁整个世界，我看你还是先别考虑这件事吧。"

在此后长达五年的时间里，福特拒绝见这个年轻人，直到有一天年轻人告诉福特，他想创办一所大学，他已经有了 10 万美元，还缺少 10 万美元。福特这时开始帮助他，他们再没有提过那 1000 亿美元的事。

经过 8 年的努力，年轻人成功了，他就是著名的伊利诺斯大学的创始人本·伊利诺斯。

号称日本"销售之神"的原一平，直到 27 岁才进入保险业。他在经历了一次又一次的事业挫败之后，揣着自己的简历，走入了明治保险公司的招聘现场。

一位刚从美国研习推销术归来的资深专家担任主考官，他瞟了一眼这个身高只有145厘米、体重50公斤的"家伙"，目无表情地抛出一句硬邦邦的话："你不能胜任保险工作。"原一平问："何以见得？"主考官轻蔑地说："每人每月要完成10 000元，你觉得自己能行么？"

原一平不服输的劲儿上来了，他大声地告诉主考官："我一定能完成每月10 000元的业绩。"

此后，原一平勉强地成为一名见习推销员。没有办公桌，没有薪水，还经常被老推销员当"听差"使唤。在最初的几个月里，原一平没有拉到一分钱保险，当然也拿不到一分钱薪水。他的生活充满了凄风苦雨，甚至不得不借债度日。他有时候连午餐都吃不起，没钱坐公共汽车。在欠了7个月的房租之后，他的家当被房东丢在了门前的马路上。

在如此的困境中，原一平依然没有放弃自己的理想。为了节约开支，他每日两餐，晚上就睡在公园的长凳上。就这样，在他的努力下，他终于有了一个大客户——三业联合商会的理事长。这位理事长还将自己在商界的朋友介绍给了原一平。于是，他的业务也做得越来越大。1936年，原一平的业绩遥遥领先公司其他同事，成为全公司之冠，并且夺取了全日本的第二名。36岁时，原一平成为美国百万圆桌协会成员，协助设立全日本寿险推销员协会，并担任会长至1967年。因对日本寿险的卓越贡献，原一平荣获日本政府最高殊荣奖。

人生如同毛毛虫，如果不能为自己做一个茧，并努力破茧而出，就不可能有美丽的绽放。去除束缚本身是痛苦，但人生就是一层又一层突破、绽放和超越，没有这个过程，就没有快乐可言。没有经过奋斗得来的快乐是不会长久的。上帝想让你喝美酒之前，会先给你一杯苦酒。你能不能喝到美酒，取决于你是否敢于喝、怎么喝这杯苦酒。嘴里没有苦的感觉，怎么能懂得甜的滋味？对于那些一出生就含着金汤匙的人，我们没必要去羡慕。人生最大的价值就是树立高远的理想，并为之努力奋斗。高远的理想，能让人学会坚持；拼搏奋斗，能让人加速成长。终于有一天，当你破茧成蝶后，你必将迎来一个精彩的人生。

## 创业就是能把简单的事做得与众不同

社会在不断发展，人的思维也在不断改变，有些人一直力图打破旧观念，建立一种与众不同的新观念，即使很简单的事情，他们也力求做得与众不同。这些懂得创新的人，最终总会因自己的与众不同而迅速脱颖而出，开辟出自己的创业天地。

美国石油大王洛克菲勒曾说："如果你想获得财富，那就选择一条新的道，千万不要在被别人踩烂了的路上继续寻找。只有与众不同，才能获取更多的财富。"与众不同，体现的是一种独特的思维方式，那就是通过创新，让自己及所做的事情与别人有着本质的不同。有了这种不同，就能够吸引更多的目光，甚至达到意想不到的效果。也只有通过创新，让自己与众不同，才能在追求财富的道路上异军突起。

卖冰糖葫芦，可以说是再普通不过的小生意了，然而却有人将这样一个小生意扩大成一个集团公司。朱呈，本是一名普通的国企女工。1997 年，她下岗后利用有限的资金，选择了小得不能再小的冰糖葫芦串来创业。但朱呈是个有头脑的人，一开始她就做得与普通的冰糖葫芦不同，她是用豆沙、果酱、巧克力等原料做成夹心的冰糖葫芦，并采用塑封、冷冻的形式，像雪糕那样在炎热的夏季都能卖。

就是这样与众不同的创新，使朱呈的冰糖葫芦串赢得了广阔的市场，年销量达到了几千万支，这是一般做冰糖葫芦串的人想都不敢想的事。仅仅四年时间，朱呈就将一个作坊似的小食品厂发展成为一个在山东、浙江、河南、陕西、吉林等地拥有分厂，并且还拥有出租车公司、大酒楼的综合性集团公司。她自己也由一个下岗女工，变成了拥有数千万资产的老板。

朱呈的成功，在于将简单的事情做得与众不同。再看看我们的周围，有无数的创业者正在为着理想而奋斗，他们的条件比朱呈当初的作坊要好得多，然而却很少能够标新立异，硬是随大部队挤在一条桥上，而不另辟路径。当超市便利店加盟流行的时候，大家一哄而上，于是便利店随处可见。但顾客的数量基本是固定的，便利店开得越多实则对自己越不利。

所谓与众不同，就是你有他无的独家性。没错，创业是要从小做起，但同样做小，也有个差异化问题，也要做得与众不同，形成特色。即使开一家小店，也应有经营特色，有自己的招牌，这个特色、招牌就是与众不同的一种表现。同样的食品，你要做出与众不同的味道来，同一种商品，你要做出自己的特色。即便是销售一模一样的商品，你也可以在服务上与众不同，产生差异，赢得市场，赢得消费者。关键是你的眼光是否独特，你的思维能不能伸向一个他人所未触及的地方。如能做到这一点，那么你就能因为与众不同而赢得创业，就能在众多的同行里突围出来。即便有人跟风，那么你也是领跑者，领先他人一步。

要想做到与众不同，就必须做到创新。但创新是需要智慧的，需要动脑筋去思考的，是非常辛苦的，而且费尽周折也是难以想到一个好点子的。而跟风就相对容易多了，虽然他们永远掘不到第一桶金，但至少可以知晓此地有黄金可掘，无需再费力勘探，只要拿起工具跟着挖就是。这也就是许多人在创业之路上总处于徘徊状态，甚至倒退的原因所在。大多数人很少去思考如何做才能与对手、同行产生差异，做到与众不同，去赢得创业的成功。因此，对于正准备创业的人来说，如何做到与众不同，是一个值得你花时间去思考的重要问题，也是决定你是否成功的关键因素。

汤姆逊大学没读完就退学了。那一年，他才23岁。退学后，汤姆逊在离家不远的公司上班。下班后，他就去镇子上销售玩具娃娃，这些玩具娃娃都是他自己设计的。由于工资很低，再加上设计玩具娃娃需要大量的投入，汤姆逊最初的生活非常艰难，常常连饭都吃不上。但如今，他已经成了当地最有钱的年轻人，那么是什么让他发生了如此大的改变呢？

原来，刚开始时，汤姆逊设计的玩具娃娃销量并不大，因为市场上比他的玩具娃娃更优秀的玩具比比皆是。在一次展销会上，一个想法突然出现在汤姆逊的脑海："既然我的产品在设计上并不占优势，为什么不能从其他方面入手呢？只要让自己的产品与众不同，就一定能够吸引大量顾客。"于是，汤姆逊将自己的玩具娃娃排列好，向顾客介绍说："您看，这个娃娃名叫玛丽，她是个急性子的姑娘；而那个名叫杰克的，是个淘气的男孩子……"他将自己的娃娃全部拟人化，于是打动了很多顾客，而在这次展销会上他也收入颇丰。

自从那次展销会之后，汤姆逊豁然开朗，他觉得自己设计的不是玩具娃娃，而是有性格、有思想的"人"。他不仅为每个玩具取了名字，还为它们制作了漂亮的"出生证明"，另外，他还用小卡片标明这个玩具娃娃的性格及爱好等。这个创意使得他的产品与众不同，深受顾客欢迎。就这样，汤姆逊靠着这些可爱的"孩子"，很快成为当地最富有的年轻人。

可见，成功者与平庸者最大的区别就是，成功者永远拥有创新思维，永远都在寻找让自己与众不同的方法。那些坐拥亿万财富的人，他们思考的并不是如何赚更多的钱，而是如何寻找到一条与别人不一样的路。

当然，与众不同说起来容易，做起来并不是件简单的事情。美国著名的"氢弹之父"泰勒几乎每天都要思考出十个与众不同的新想法，然而其中九个半都是没有价值的。可这并没有阻碍他继续思考。正是这些半个正确的创意，让泰勒创造了奇迹。

让自己与众不同，并不是为新而新，而是以大胆的思路解决创业中遇到的困难。任何一件事，只要能够尝试着从不同的角度思考问题、解决问题，那就是一种与众不同。有了这种精神，即使做的是一件很小的事情，也会做得有声有色，不同凡响。

## 选择一座适合自己的高山来爬

人们都说玩物丧志，毕业于福建泉州师范学院软件学院的 90 后大学生李铮却"玩"出创业之路。他刚刚走出大学校园，就拥有两家智能手机体验店，成了名副其实的"百万富翁"。实际上，李铮的创业灵感来自于专业和兴趣的结合。他从小就喜欢电子产品，大学里，他利用课余时间研究各种品牌的智能手机，一年拆机装机的手机有 30 部左右。李铮大学的专业是动漫设计与制作专业，在学习过程中，他从中找到的契合点，就是手机与数码动漫设计的结合。

有了灵感，在大一和大二期间，李铮一边学习专业知识，一边在课余时间，到手机体验店里做兼职，和顾客交流各种手机操作经验。当时的手机体验店大多是低端的，李铮凭着大学专业的优势，可以制作各类视频给顾客看，认为自己可以开一家高端手机体验店。2011 年 7 月，进入大三实习期的李铮觉得时机成熟，便筹措了十余万元，在家乡厦门市海沧区开了一家 30 多平方米的"西豆数码"智能手机体验店。在他的小店里，不断滚动播放着各类产品简介的视频。周到的服务和更多的顾客体验让李铮的小店生意火爆。2012 年 4 月，李铮又开了第二家手机体验店。

由此可见，选择适合自己的工作，首先要知道自己的兴趣所在。兴趣对我们的事业具有无可替代的促进作用。当你选择自己不喜欢的工作的时候，就等于利用自己的弱点、缺点去与别人竞争。这样的话，你的意志力和热情都会在这种工作中消失殆尽。半途而废，丧失自信，做不出好成绩等负面效应，最终使自己整个生命都士气低落，这就是对自己定位错误造成的。

在现实中，如果我们选择了适合自己的职业，我们就会产生幸福感和强大的驱动力。对于自己感兴趣的事情，适合自己的事情，我们做起来通常很卖力，即使很辛苦，也愿意付出；而对于那些自己不喜欢做的事情，不适合自己的事情，即使给予的物质回报再高，也不会有多大的工作热情。

在工作中，一个人的兴趣一旦被激发，他会伴随愉快的情绪和主动的意志去努力，去积极地认识事物；反之，一个人整天都带着抵触的情绪从事他的工作，那他的工作永远也做不好。

一份适合自己的工作，除了兴趣之外，还要考虑到个人是否具备基本的职业素质，比如你的性格是否与工作相匹配，是否有相应的工作能力等。要想成功，你的职业就必须符合你的性格和兴趣，只有这三者处于和谐的状态，你才有可能实现自己的目标。

美国学者霍兰德经过调查研究发现，不同的人在职业选择上有很大的差异。当人的性格特征和职业特征相匹配时，人就会表现出最大的积极性，使其优势得到充分发挥。他认为，职业选择是个人人格的反映和延伸，人格是决定一个人选择何种职业的重要因素。

霍兰德把个人职业选择分为六种：现实型、研究型、艺术型、社会型、企业型、常规型；把工作性质也分为六种：现实性的、调查研究性的、艺术性的、社会性的、开拓性的、常规性的，并一一相对应。比如，一个人如果属于艺术型人格，那么他大多喜欢以各种艺术形式的创作来表现自己的才能，实现自身价值，他乐于创造新颖的、与众不同的艺术成果，渴望表现自己的个性。那么这个人便适合各种艺术创造工作，如演员、编导、主持人、编辑、作家、画家、书法家、摄影师、设计师等。一个人如果属于企业型人格，那么他大多精力充沛、自信、善于交际，具有领导才能，他喜欢竞争，敢冒风险。那么，适合他的职业便是企业领导、政府官员、销售人员、营销管理人员等。

总的来说，选择了适合自己的工作，个人便可以充分施展自己的技能和智慧，完成那些让人感觉很难完成的任务。对照自己，现在的这份工作是否适合你，如果不适合，尽早离开它，因为即便你付出再大的努力，也很难做出成就。不妨去选择那些适合你的工作，那样不仅让你身心愉悦，还能让你最大地发挥自己的特长，创造更大的成就，实现自身的价值。

## 高山仰止疑无路，曲径通幽别有天

法国科学家约翰·法伯曾经做这样一个实验：他在一个花盆的边缘放了些毛毛虫，让他们首尾相接。同时他还将毛毛虫最爱吃的松针放在仅6英寸远的花盆中心。实验开始了，那些毛毛虫一只跟着一只，一圈圈围着花盆不知疲倦地爬着。筋疲力尽了，就稍做休息，然后继续爬。时间慢慢过去，一天，两天……毛毛虫依然在转圈，终于在七天后，毛毛虫纷纷饿死了。而食物依然在离它们仅6英寸的地方。

实际上，只要这些毛毛虫中的一只转换一下思路，不再盲目追随前面的同伴，一旦离开花盆，就能发现不远处的松针，也就不会被饿死了。

其实，该换一种思维方式的不仅仅是毛毛虫，还有比它们高级得多的人类。

有什么样的思维方式就有什么样的人生，一个人的思路决定了一个人的出路。拿破仑说："思路是出路之端，出路是思路之果。因此，学会用思路改变人生方向，是人生中非常重要的一把钥匙。"人如果不懂得改变自己的观念和想法，一味地墨守成规，就会把自己局限于旧有的传统思维之中，就很容易因无法适应环境的变化而陷于困境，无法找到自己的出路。

有一个人，从小就喜欢惹是生非，长大后无所事事，成为当地一霸，吃喝嫖赌抽，五毒俱全，最后因为杀人而被判处死刑。他有两个儿子，其中一个儿子学他，整天到处瞎混，最后锒铛入狱；而另外一个儿子则发愤图强，最后创业成功，拥有一个幸福的家庭。记者采访了兄弟二人，问他们为什么会走上不同的道路？他们回答的竟是同样的一句话：有一个这样的父亲，我还能怎样呢？

同样的一个事实，却产生了两个迥异的结果：一个自暴自弃，另一个则奋斗不息。因此我们可以这样认为，有什么样的思路就有什么样的人生，是思路决定了他们的出路。所以，当你遇到麻烦，感到束手无策、甚至无路可走的时候，千万不要灰心，不妨换一种思路，跳出惯性思维，也许马上就能找到一条新的道路。换个思路，也许就有了出路！否则，你的人生道路只会越走越窄。

两个老板在一起聊天，话题转到自己的员工上。一个老板说："我的公司有这样三个人，一个总是寻根究底，嫌这嫌那；一个总是忧心忡忡，处处担忧；还有一个整天无所事事，喜欢到处乱逛。我实在受不了，过几天我一定要炒了他们。"另外一个老板想了想，说："这样吧，你干脆让他们到我的公司来上班吧，你也就不用费心了。"第一个老板高兴地答应了。

第二个老板将那三个人招到公司，安排喜欢寻根究底的去做质量监督，安排总是忧心忡忡的去做安全保卫，而喜欢闲逛的那个人则被安排去做业务和宣传。一段时间以后，那三个人都做出非常出色的成绩。

　　同样一个人，在不同的岗位，就会有不同的表现。所以说，没有走不通的路，只要你的思路正确，只要你的方向正确，就没有做不成功的事。人与人最大的差别是脑袋，不同的观念最终导致了不同的人生。我们必须有新的观念、新的方法、新的创造，才能在激烈的竞争中立于不败之地！

　　上述的故事虽小，但是从中我们可以看出变通有多么重要。我们从小就知道大禹治水的故事，是大禹真的比他的父亲聪明吗？其实不是这样的，只是因为大禹善于变通，用疏导法来治水，而他的父亲就不会变通，只懂得堵，最后只能以失败而告终。

　　世界旅馆大王希尔顿说过："一块价值5元的生铁，铸成马蹄掌能卖10元，倘若制成工业用的磁针就值300多元，而制成手表的发条，其价值就更大了。"在浙江开化县，有位叶姓大妈，利用荒山和田边地角种了四五亩萝卜。由于萝卜是在同一时间集中上市，所以总卖不了好价钱。叶大妈灵机一动，就把萝卜腌制成萝卜条拿去卖，结果很是畅销，卖一亩地的腌萝卜比鲜萝卜多赚了几千元。

　　古人云"不以规矩，不成方圆"，是告诉我们规矩的重要性。但是如果过于死守规矩，过于刻板，认为规矩只能立而不能改变，那就大错特错了。可是我们身边许多人，都缺少改变的勇气和胆量。实际上，规则是掌握在我们自己手里的。虽然规则是约定俗成的，但并不是没有其他的方式方法，如果不知道变通，只一味地遵守规则，注定会被社会淘汰。

　　人生在世，无论我们遇到什么困难都应该学会变通。因为，客观情况在不断变化，我们必须随着客观情况的变化而变化。尤其是当一个人面临窘境，感到无路可走的时候，思想更要灵活，更需要懂得变通。正如诸葛亮所说："因天之时，就地之势，依人之利，则所向无敌。"只有这样，我们才可以克服困难走向成功。对于善于变通的人而言，这个世界上不存在困难，更不会存在绝路，只存在暂时还没想到的方法。然而方法终究是会想出来的，所以，善于变通的人只有一个归宿，那就是成功。

在社会上，每个人的条件都是不一样的，每个人遇到过的困难也是不尽相同的，那么，每个人采取的方法更是不一样的。但是他们也有相同的地方，那就是任何人遇到任何困难，都必须变通，不变通，就无法克服困难，就很难走向成功。

萧伯纳说："明智的人使自己适应世界，而不明智的人只会坚持要世界适应自己。"所以，让我们都学会变通吧。假如你陷入了困境，感到无路可走的时候，千万不要消沉、不要烦躁，只要开动脑筋，懂得变通，你自然会找到一条道路，让你到达目的地。

## 回头看看，成功在你后面

美国的一家园艺所贴出了重金征求纯白金盏花的启事。面对高额的奖金，许多人都积极尝试着。但是20年过去了，仍没有一个人培植出白色的金盏花，因为培植的难度实在太大了。不料有一天，园艺所意外地收到一封应征信和一粒纯白金盏花的种子，寄种子的是一位年逾古稀的老妇人。这位妇人不是生物学家，也不了解这方面的知识，她只是一个地地道道的爱花人。在20年前，她看到那则启事，也不禁怦然心动，于是，她开辟出一片空地，撒下了一些最普通的金盏花种子，然后就精心侍弄着。

一年之后，金盏花开了，她从那些金色的、棕色的花中挑选了一朵颜色最淡的，任其自然枯萎，然后留下它的种子。第二年，她又把这些种子种下去。然后，再从这些花中挑选出颜色更淡的花的种子栽种。就这样，年复一年，春种秋收，周而复始，老人的丈夫去世了，儿女远走了，生活中发生了很多的事，但是，种出白色金盏花的愿望却一直没有改变，她一直坚持着。

终于，在20年后的一天，她在那片花园中看到一朵金盏花，它不是近乎白色，也并非类似白色，而是如银如雪的白。就这样，一个连专家都解决不了的问题，在一个不懂遗传学的老人长期努力下，最终得到了解决。

等待是一种耐心，是一种坚持不懈的追求。只要你肯等待，只要你不放弃希望和追求，即使再普通的种子也能长出奇迹，再普通的人也能创造出生命的奇迹。等到那个时候，你回头看看，就会发现成功就在你的身后。

在现实中，人们做事之所以会半途而废，这其中的原因，往往不是因为难度较大，而是觉得成功离得太远。很多企业之所以会倒闭，不是因为他们的目标太大不可能完成，而是因为他们没有坚持到底。

坚持，这看似简单的两个字，曾铸就了多少人的辉煌。有人说，那些成功的人无不是始终能够坚持理想的人。的确，这句话在一定意义上道出了成功的真谛。正如亚里士多德的那句话，"我们每一个人都是由自己一再重复的行为所铸造的，因而成功并不是一种行为，而是一种习惯"。

坚持自己的目标，是我们确定自己人生价值的最大值，只有逐渐地接近目标、理想，才能获得更为充实的人生。

我国现代著名的书画家齐白石一生素以勤奋著称，自开始作画起，每天从早到晚不是静坐构思，就是挥毫笔墨。就是凭借这种持之以恒的精神，给后人留下了许许多多不朽的作品。马克思为完成《资本论》，在大英博物馆查阅大量的书籍，久而久之，他的座椅下的地板被磨出了深深的印痕。也是凭借这种坚持，使他完成了《资本论》这部伟大的巨著。

不过在现实中，我们做事之所以会半途而废，原因往往不是因为难度较大，而是觉得成功离我们较远。也就是说，我们不是因为失败而放弃，而是因为倦怠而失败。在人生的旅途中，我们不妨学一下山田本一，这样一生中也许会少许多懊悔和惋惜。

1984年，在东京国际马拉松邀请赛中，名不见经传的日本选手山田本一出人意外地夺得了世界冠军。当记者问他凭什么取得如此惊人的成绩时，他只说了一句话：凭智慧战胜对手。当时许多人都认为这个偶然取胜的矮个子选手是在故弄玄虚。马拉松赛是体力和耐力的运动，凭借的是身体素质好和耐性，说用智慧取胜确实有点勉强。

然而，两年后的意大利国际马拉松邀请赛中，山田本一又一次获得了世界冠军。记者又请他谈经验。山田本一的回答仍是上次那句话：用智慧战胜对手。这回记者在报纸上没再挖苦他，但对他所谓的智慧迷惑不解，直到十年后这个谜才被解开。山田本一在自传中说："每次比赛之前，我都要乘车把比赛的线路仔细地看一遍，并把沿途比较醒目的标志画下来，比如第一个标志是银行；第二个标志是一棵大树；第三个标志是一座红房子……这样一直画到赛程的终点。比赛开始后，我就以百米的速度奋力地向第一个目标冲去，等到达第一个目标后，我又以同样的速度向第二个目标冲去。40多千米的赛程，就被我分解成这么几个小目标轻松地跑完了。起初，我并不懂这样的道理，我把我的目标定在40多千米外终点线上的那面旗帜上，结果我跑到十几千米时就疲惫不堪了，我被前面那段遥远的路程给吓倒了。"

山田本一说的不是假话，心理学实验也证明了他的正确。心理学家认为：当人们的行动有了明确目标，并能把自己的行动与目标不断地加以对照，进而清楚地知道自己的行进速度和与目标之间的距离，人们行动的动机就会得到维持和加强，就会自觉地克服一切困难，努力达到目标。

的确，一个人一开始就想做比尔·盖茨，学哲学的一上来就想超过黑格尔，这种人可能最终会一事无成。要想达到目标，就要像上楼梯一样，一步一个台阶，脚踏实地向前迈进，才能登上顶楼。而每前进一步，达到一个小目标，都会体验到成功的喜悦，这种感觉将充分调动自己的潜能去达到下一个目标。

一个人的梦想也是一样的，可以两年实现，也可以十年实现，两年实现和十年实现没有本质的差别。成功并不是某些特定人士的独享，而是我们每个人都可以拥有的，只要能够始终坚持自己的目标，不断进取，同样能够登上成功的巅峰。

# 自己更"醒目"，别人才"注目"

你或许认为，一个人的外形气质、处事风格都是天生的，父母遗传的，好与不好都与生俱来。这只说对了一半。的确，人的所有外貌特征都来自遗传。但是，除了先天的相貌之外，一个人的气质、风范却是后天形成的。其实，我们每个人，在表现出先天一面的同时，也受到了教育、经验、环境等因素的巨大影响。不过，有一点是可以肯定的，那就是后天的培养铸就了我们强大的习惯，而正是这些习惯根本上左右了我们的处事风格，也左右了我们的人生。

## 得体的妆容让人眼前一亮

美国前国务卿希拉里，是美国前总统克林顿的夫人，贤内助。在克林顿当选总统之前，她曾是著名的女权运动者，她当时的服装总是展示着女权运动者的形象——学究式的黑色宽边眼镜，具有女权主义形象的大格子西服。这种形象违背了美国人心目中高贵、优雅、母性的第一夫人的形象，曾一度影响了克林顿的选票。为了更好地助阵竞选，她重新设计了自己的形象，用充满女性韵味的时装代替了男性化女权主义服饰，用隐形眼镜换掉了黑边眼镜；用温和的言辞代替了激进、偏激的语言，同时还设计了时尚的发式。她展示出的既有女性魅力又有女性的独立、强大和智慧的第一夫人的形象顺应了美国人民的心理，接近了美国选民对于第一夫人的期望，为克林顿的政治形象增添了不少光彩，直接影响了大选的结果。

当今时代，是一个卖形象的时代，形象是你最直观的名片。在西方竞选时，竞选人的幕后策划班子里最不能够缺少的专业人才之一就是形象设计师。他们的工作就是要让竞选人看起来像是个能够胜任领袖职位的人。如果看起来不像个领袖，无论你的政治观点多么深入人心，也会失去很多选民。

1960 年，美国总统大选，尼克松在资历上占有绝对的优势，但是却忽略了对自己外表的包装，以至于竞争对手、贵族家庭出身的肯尼迪评价他："这家伙真没有品位！"与之相反，肯尼迪懂得如何利用自己的外在优势获取选民的信任。肯尼迪看起来坚定、自信、沉着，散发着领袖的魅力，不仅能够主宰美国的政坛，而且能平衡世界。当他提出"不要问国家能为你做什么，问一问你能为国家做什么"的口号时，激起美国人民上下一片的爱国热潮，他成为了美国人理想的领袖形象，直至多年以后，他的形象还是让人难以忘怀。在一个电视节目中，他的一个握手动作就使得一位政治评论家宣称"肯尼迪已经获胜"。

利用妆容、形象取胜的例子在商业界也数不胜数，因为他们深知"看起来像个成功者"的妆容、形象对事业的促进作用。成功者如果忽略了对自己外在形象的维护，看起来不像个成功的人，是难以得到别人的尊重的。

如果你是公司的老总，你的外表就是公司最好的说明书。如果你看起来不像企业老总，那就不要困惑你的公司为什么不能够出类拔萃，就不要责备顾客不信任你们的产品。因为你的妆容在告诉别人："我的公司不寻求卓越，我不追求品位，就如同我们不在乎自己的形象一样。"

公司职员的形象也是公司的广告牌。现代社会的发展，任何公司的产品和文化都在逐步地人格化，不能够展示出高度职业化的形象，就等于向客户宣告："我们不能满足你们的质量和服务要求。我们没有高度的职业素质，我们不在乎你们的满意度，我们的产品和服务都不可靠，你们可以付低价。"糟糕的职员形象严重地损害、破坏公司的形象。

世界上每个杰出的企业领导人，无不重视企业员工的素质和形象。杰克·韦尔奇和任何在位的 CEO 一样，他严格地要"清除园中杂草"，那些"杂草"是以其形象来判断的。他还定期察看职员的照片，那些"肩膀低垂、睡眼惺忪或者耷拉着脑袋的人，我就毫不犹豫地把他指出来，说：这家伙看起来半死不活的！他能干好什么？为什么不把他调走？"他还以应聘者的外表来决定是否录用他们，"在市场营销方面，我会聘用那些外表英俊、谈吐流畅的应聘者。"

总而言之，如果总裁和职工能够有杰出的形象，客户情愿为这些优秀的职员形象付出更高的价格！如果企业领导不能够提高自己及其职员的外表形象和职业素质，就不能创造有利于企业发展的文化，职员就不会提高自身职业化的形象，也不会把企业寻求卓越的精神传递给客户，因为，职员不理解客户是如何敏锐地通过观察我们的外表来捕捉、判断企业的文化和可信度的信息的。

妆容，并不是一个简单的穿衣、外表、长相、发型、化妆的组合概念，而是一个综合的全面素质，一个外表与内在结合的、在流动中留下的印象。形象的内容宽广而丰富，它包括你的穿着、言行、举止、修养、生活方式、知识层次、家庭出身、你住在哪里、开什么车、和什么人交朋友等等。它们在清楚地为你下着定义——无声而准确地在讲述你的故事——你是谁、你的社会位置、你如何生活、你是否有发展前途……形象的综合性和它包含的丰富内容，为我们塑造成功的形象提供了很大的回旋空间。

那么设计一个良好的妆容需要考虑哪些因素呢？

第一，体型。体型是设计要素中最重要的要素之一，完美的体形固然要靠先天的遗传，但后天的塑造也是相当重要的。长期的健体护身、饮食合理、性情宽容豁达，将有利于长久地保持良好的形体。

第二，发型。随着科学的发展，美发工具的更新，各种染发剂、定型液、发胶层出不穷，为不同年龄、职业、头型和个性的人提供了千姿百态的发型式样，而发型的式样和风格又将极大地体现出人物的性格及精神面貌。

第三，化妆。化妆是传统、简便的美容手段，化妆对展示自我非常重要。施以不同的化妆，与服饰、发式和谐统一，将更好地展示自我、表现自我。化妆在形象设计中起着画龙点睛的作用。

第四，服装款式。服装造型在人物形象中占据着很大视觉空间，因此，也是形象设计中的重头戏。选择服装款式、比例、颜色、材质，还要充分考虑视觉、触觉与人所产生的心理、生理反映。如果运用得当、设计合理，服装将会使人的体形扬长避短。

第五，饰品、配件。饰品、配件的种类很多，颈饰、头饰、手饰、胸饰、帽子、鞋子、包袋等都是人们在穿着服装时最常用的。由于每一类配饰所选择的材质和色泽的不同，设计出的造型也千姿百态，能恰到好处地点缀服饰和人物的整体造形。它能使灰暗变得亮丽，使平淡增添韵味。如何选择配饰，能充分体现人的穿着品位和艺术修养。

第六，个性。在进行全方位包装设计时，要考虑一个重要的因素，即个性要素。站与坐、行与跑都会流露出人的本性特点。忽略人的气质、性情等个性条件，一味地追求穿着的时髦，佩戴的华贵，只会被人笑之为"臭美"。只有当"形"与"神"达到和谐时，才能创造一个自然得体的新形象。

一个人就是一幅流动的风景，一座活动的雕塑，我们每个人都有属于自己的独一无二的优点和气质，问题是你能不能充分将它挖掘并展现出来。

# 反应敏捷给人的印象是金钱买不到的

周恩来总理是新中国的首任外交部长，他的外交魅力让世界所折服，尤其是他敏捷的反应，更是给世人留下了深刻的印象。

中国和苏联关系紧张时期，有一次在一个外交场合，苏联领导人赫鲁晓夫有意刁难和奚落周总理说："周总理，我和你有一个重大的不同，那就是我出身于无产阶级，相反，而你却出身于资产阶级。"

谁成想反应敏捷的周恩来总理立即反击说："但至少，我们都有一点相同的地方。"

赫鲁晓夫报以好奇的眼光。周总理继续说："那就是，我们都背叛了原来的阶级。"

还有一次，美国国务卿基辛格访华，期间曾给周总理出了一个难题。那是两人在闲聊时，基辛格冷不防出言突击："我发觉我们美国人走路时总是抬起头，相反，你们中国人走路时，总喜欢低着头，你说是为什么呢？"

周总理同样反应敏捷，含蓄反击说："因为我们中国人正在走上坡路，所以总是低着头；相反你们美国人在走下坡路，所以总是抬着头。"

在社会中，无论在什么场合，反应敏捷总会给人留下深刻的印象。如果一个人反应敏捷，那么他就能开阔思路，随机应变，从而创造出常人不能创造的成就。如 19 世纪中叶，欧洲疟疾流行，天然奎宁无法满足需求，著名化学家霍夫曼提议用化学方法合成。他的学生，18 岁的柏琴按照老师的意图积极试验，但结果是一次又一次的失败。一天，柏琴用苯胺和重铬酸钾作试验时，虽没有获得成功，却发现反应后的粘液呈现了紫红色。他灵机一动，心想，虽然奎宁没有研制成功，可在纺织工业缺染料，这不是很好的染料吗？于是他进一步试验，终于研制成功了"苯胺紫"，并申请了专利，之后还办起了人类历史上第一个合成染料厂，开辟了人造染料的新工业部门。

柏琴的成功得益于他反应的敏捷。如果柏琴是一个反应迟钝的人，那么他就不会对紫红色的粘液产生想法，也就不会有"苯胺紫"的问世。即使你不是一名科学家，只是生活在世上的一名普通人，但敏捷的反应也会对你有很大的帮助。反应敏捷的人容易接受新事物，同人争论问题也不大容易吃亏。反应迟钝的人掌握未知事物比较吃力，有时别人说了含沙射影的话，也不知不觉。因此，人们一般都喜欢反应敏捷的人。

《微型小说选刊》上曾刊载一篇文章，题目叫《面试》，一个叫白敏的市场营销专业的应届毕业生找工作，第一轮笔试60人，第二轮笔试30人，面试的是9个人。

面试前，人事主管对这9个人说：也许从你们9个人招5人，也许一人都不招。

面试他们的是营销部的经理，秘书把他们9人带到经理面前，经理正在玩网络游戏，经理对他们说：我玩累了，你们去给我倒杯可乐来（面试开始了）。

秘书把9人带到咖啡间，那里有百事可乐和可口可乐，还有矿泉水，杯子是很大的。其他8人马上动手倒可乐，只有白敏一人返回营销部，怯怯地问经理："请问您是要喝百事可乐还是喝可口可乐，还有要喝多少？"

经理微笑着对她说："我要喝半杯，一半矿泉水，一半可口可乐"。

结果只有白敏一人被录取了。

经理对其他8人说："我只说我要喝可乐，并没有说要喝哪种，也没有说要多少，如果你们在以后的营销工作中连客户的需求都不知道，是不是会随便向客户介绍产品？"

白敏能够被录取，凭借的就是反应的敏捷，看到了人事主管的考察目的，并做出了相应的对策。不仅在面试中，就是在工作中，我们想脱颖而出，给上级留下深刻的印象，反应敏捷也会占很大比重。我们要想在职场中发展自己，最大的障碍可能就是那些资格老、经验丰富的老员工了。那么新职员是不是永远无法超越老员工呢？其实不然，当今社会，竞争激烈，是一个大鱼吃小鱼的时代，更是一个快鱼吃慢鱼的时代。敏捷的反应常常会让你抢先一步，抓住机会，从而超越老员工，最终脱颖而出，赢得上司的青睐。

由此我们可以认为，反应敏捷是一项重要的资质，一般地能代表智力。敏捷的反应要求对事实了解清晰并且能够在谈到它们时很快地反应出来。如果你经常发现自己在深思："为什么我在工作时没有想到那样做呢？"这就说明你的反应还不够敏捷。

敏捷的反应，它能给人留下深刻的印象。敏捷的反应代表着你思维灵活、善于变通、睿智，这些好的印象无论在工作还是生活中，对你总是有很大帮助的。

## 爱好广泛，知识丰富，说话就有分量

在当今社会中，说话的重要性已经越来越被人们所认识。它不仅是传递信息的方式，还能够体现一个人的修养、知识、魅力等。在生活中，我们经常看到有时候一句话可以化干戈为玉帛，也可以让朋友变成仇人，甚至可以改变人生。

成功者常这样总结自己："全凭自己的这张嘴"；失败者也常这样总结自己："都怨自己这张破嘴"。可见，说话水平的高低，直接影响着人生的得失与成败。懂得说话技巧的人，到处都会受人欢迎。他们能够使许多素不相识的人携起手来，成为朋友。而不善言辞或尽说废话、空话、套话的人，他们必然不会取得多大的成就。

人们都知道说话的重要性，但总有一些人抱怨自己天生口才不好，和别人在一起总是无话可说。实际上，口才并不是天生的，或者说只要胆子足够大就可以了，口才是要有足够的底蕴作为基础的。

战国时期，我国出现了一位著名的纵横家——苏秦。所谓纵横家，就是在当时一些依靠自己的口才来为各国君主出谋划策的人。但是，苏秦并不是一开始就是很成功的。他学成出师之后，曾经先后去游说过周王、秦王，但是都失败了。随后，苏秦落魄地回到了家里，受到了亲戚朋友，甚至包括自己父母的冷遇。于是他奋发图强，拼命刻苦攻读，每当自己在学习时困意来袭的时候，他就用一把小锥子朝自己的大腿上狠狠地刺一下，使自己继续学习下去。就这样，经过了这一番刻苦的钻研，苏秦终于使自己的学识又上了一个台阶。于是他再次出山，以自己苦心钻研出来的"合纵之道"游说各国君主，最后身佩六国相印，获得了巨大的成功。

苏秦的例子告诉我们，拥有好的口才是建立在深厚的学识基础上的，如果脱离了这个根本，那么口才就会成为"无源之水、无本之木"。我们常说"腹有诗书气自华"也就是这个道理。口才的好坏与说话的技巧有关，但更与自己掌握知识的多少有密切关系。头脑里没有多少知识的人，说出来的话就没有多少说服力，很难让别人信服。三国时期，诸葛亮在南阳苦读十余载，一出山便能战群儒，恐怕当年的诸葛亮并不曾专门去学习过如何辩论，所依靠的是他十余年的苦读。

如果知识面狭窄，即使技巧掌握得再多也是无法说服别人的。语言的风格各异，但无论是缜密、清新、幽默、机智，都来源于头脑中的广博知识，而那种不学无术的油腔滑调算不上好口才，那种不着边际的的夸夸其谈也不是好口才。只有那种以丰富的知识为后盾，能够给人以力量、愉悦之感的谈话，才是真正的好口才。

张乐大学毕业后进入了某家单位。在大学期间，他兴趣广泛，各种类型的书都喜欢看一些，各个学科都喜欢研究一下，甚至连佛经等都略知一二。这让他极大地开阔了视野，也了解了各方面的知识。所以他说出来的话总能让人信服。

单位里有位销售总监，他却认为研究这些学问没有什么用，只要口才好就可以了。有一天，在某一产品的定位上两个人产生了分歧，并展开了一场讨论。张乐因为知识丰富，从设计、心理等多个方面对该产品进行了分析。而那位销售经理只能从市场角度加以分析。他想凭借自己的口才占据上风，但在张乐大量的事实和数据面前，一切只能算是狡辩了。辩论的结果自然不言而喻。

时至今日，语言已成为人际交往中最重要的方式，说话更是人际沟通中最不可缺少的工具。拥有好的口才，已发展成为如今成功人生的必备能力。让自己拥有良好口才的方法很多，其中最有效的一个方法就是多读书，多培养自己的兴趣爱好，让自己的知识面更广阔些。只有自己爱好广泛了，知识丰富了，才能够说出有水平、有见解、有说服力的话，才能够打动人心，你说出的话才有分量。

## 一定要微笑，没人喜欢肌肉僵硬的人

一个女孩子独居家中，听到敲门声后以为是父母回来了便毫不犹豫地打开了门，竟然发现一个持刀的男人站在门口，恶狠狠地盯着自己。她最初吓坏了，但马上回过神来，脸上露出微笑，说："朋友，你真会开玩笑!是推销菜刀吧？我买一把……"女孩子一边说一边让男人进屋，接着说："看到你非常高兴，你要喝咖啡还是茶……"本来脸带杀气的歹徒慢慢地变得腼腆起来，他有点结巴地说："谢谢，谢谢!"最后，女孩子真的买下了那把菜刀，陌生男人拿着钱迟疑了一下，然后走了。在转身离去的时候，他突然说了一句："小姐，你改变了我的一生!"

这就是微笑的力量,一个微笑可以改变一个人的一生。人的最典型的表情有两个——哭与笑,每个人都相信"笑比哭好",谁也不希望自己的人生是麻木的、冷漠的,哭丧着脸的。微笑,是每一个人都喜欢的,所以,我们在工作生活中,都应该尽量保持微笑,善于用微笑营造让人心情愉快的环境,千万不要摆出一幅冷冰冰的面孔。只要学会时刻微笑,你会发现别人会感到你的热情的心。

有一位乘客乘坐飞机旅行,在未起飞前,因自己需要吃药向服务员要了一杯水,服务员答应当飞机进入平稳飞行状态后立刻把水送来。可是,飞机已经进入平稳飞行状态后很长时间,服务员还是没有把水送来。这位乘客于是按了服务铃,服务员听到铃声,马上意识到自己忘记及时把水送来,于是她马上端着水过来,微笑着向乘客说:"实在对不起,先生,由于我的疏忽延误您吃药的时间,非常抱歉。"然而那位乘客却没有接受她的道歉,声称要投诉她。事情过后,服务员多次去客舱为乘客服务,每次都面带微笑询问那位乘客是否需要服务,乘客却没有理睬她。

飞机马上要到达目的地了,那位乘客让服务员给他意见簿,服务员以为要投诉她。乘客离开后,她打开一看,发现乘客这样写道:"在这次飞行中,你的歉意非常真诚,尤其是你的微笑,深深地打动了我,我也决定不再投诉你,而是表扬。"

微笑就是一种无形的"布施",递给别人的是幸福、温馨、快乐和善意,可以帮你解决许多难题,帮助你渡过难关。我们要用微小的力量去感染别人,去传播快乐,这样你也会收获快乐,获得成功。

对人微笑是一种文明的表现,它显示出一种力量、涵养和暗示。在办公室里,微笑的力量也是惊人的,经常面带微笑的人,就会有希望,因为一个人的笑容就是他好意的信使,他的笑容可以照亮所有看到他的人,没有人喜欢帮助那些整天皱着眉头，愁容满面的人，更不会信任他们。有人说，办公室是一个充满明争暗斗的地方，但如果保持微笑会让你减少不少麻烦。

微笑是一种宽容、一种接纳，它能缩短人与人之间的距离，使人与人之间心心相通。喜欢微笑的人，往往更容易走入对方的心底。在办公室人际交往中，微笑更能提升自己的人气。少了它，即使你工作上有不俗的表现，也难免有形单影孤的感觉。

微笑，也能助你在事业、工作中获得成功。美国密西根大学的心理学教授麦克尼尔博士曾经这样说："面带微笑的人比起紧绷着脸的人，在经营、贩卖以及教育方面更容易获得效果。"微笑的脸孔藏有丰富的回报，笑可以增加你的面值。著名营销人员乔•吉拉德说："有人拿着100美元的东西，却连10美元都卖不掉，为什么？你看看他的表情，要推销出去，自己面部表情很重要：它可以拒人千里，也可以使陌生人立即成为朋友。"

比如，当你和客户第一次接触时，脸上如果带有灿烂的笑容往往能够让客户放松对你的戒备。没有人会拒绝笑脸相迎的营销人员，相反，人们只会拒绝满脸阴沉，显得十分专业的营销人员。

在处理客户异议的时候，脸上也要带着笑容，因为这时的笑容代表你的自信，自信有能力解决问题，自信能够让客户满意。

当对顾客要求表示拒绝时，脸上同样要带着笑容。因为这时的笑容代表着你认同客户的观点，但是确实无能为力，希望客户能够体谅。

当达成交易与客户道别时，脸上同样要有笑容。因为这时的笑容代表着你对客户购买的满意，对商谈结果的满意。

当未达成交易和客户道别时，脸上理所当然地也要保持微笑。因为这时的微笑表示对没有达成交易的遗憾，也代表着买卖不成友谊在，以后肯定还有合作的机会。

有些营销人员在营销过程中，容易受到情绪的控制。当客户对成交要求表示不满时，他们容易显示出失落的表情。这种表情如果被客户捕捉到，极容易被利用来控制营销人员。在这一时刻，营销人员不妨脸上挂着笑容，微笑地对客户说"不"。虽然不能直截了当地拒绝客户的要求，但可以说"我认为……"之类的话。

人是有感情的动物，是很容易被感动的。而感动一个人靠的未必都是慷慨的施舍、巨大的投入，往往一个温馨的微笑，就足够了。微笑的力量是巨大的。美国著名企业家卡内基说："笑容能照亮所有看到它的人，它像穿过乌云的太阳，带给人们温暖。"可以说，微笑是世界上最美丽的表情，虽然没有声音，却是最能打动人的行为语言。

## 寻找"卖点"让自己受青睐

草莓是许多人喜欢吃的水果。浙江省的某一镇子有许多草莓种植专业户。由于种的人多了，草莓供大于求、价格呈下降趋势，种植效益也逐渐下降。在这种情况下，有一个专业户别出心裁，想出一个奇特的招数——将草莓栽在花盆中，于是花果期长达六七个月的草莓就成了观赏和食用功能兼有的盆景，同时买一盆草莓送一份保养手册及若干肥料。物以稀为贵，他的盆景草莓因"好吃又好看"，很受消费者青睐，不仅卖得快，而且效益比单卖草莓好得多，在市场上受宠。

类似的营销手法还很多，比如，在苹果上贴上吉祥字语或图案，生产"长"字苹果；给西瓜套上方形玻璃柜，生产方形西瓜；将肉鸡放养在山坡林地，生产"土鸡""笨鸡"；用柿叶加工成"柿叶茶"等等。这些营销手法的成功，都是由于想出了新点子，找到了新"卖点"。

有了"卖点"，商品才会畅销；有了"卖点"，生物才能展示出自己的风采。雄鹰善于在空中飞翔，所以成了空中的霸主；袋鼠善于跳跃，所以成为了跳高能手；豹子善于奔跑，所以成为短跑冠军。作为人，也应该寻找到自己的"卖点"。我们现在常常提到"自我经营"这个词。所谓"自我经营"，就是要把自己当做企业一样地来经营，这个企业的惟一产品就是你自己，而要想让你这个产品受到市场的青睐，关键是要找到你自己独特的市场价值和卖点。

美国微软公司总裁比尔·盖茨没有完成哈佛大学的学业就去经营他的电脑公司了，这正是由于他发现了自己的"卖点"，所以他成为世界首富就不足为奇了。韩寒原是一名上海市的普通中学生，他和所有的孩子一样背负着父母的期望：考重点高中，读名牌大学。然而他除了语文，其他科目都是红灯高挂。可以说，他的大学之梦是很难实现的。面对方方面面的困难和挫折，他却找到了自己的"卖点"——写作。在他的坚持下，最终在"新概念"作文大赛中脱颖而出，加上以《三重门》为代表的一系列小说的成功发表，使他成为"80后"作家的先锋。

在现实生活中，有许多人没有发现自己的"卖点"而碌碌无为，断送自己的一生，成为平庸人。孔乙己因为只认重科举，而忽视自己在其他方面的长处，从而使自己的一生平庸无为。虽然许多人不甘心沦为平庸，但要找到自己的"卖点"也绝非易事，因为它建立在对自己进行科学、全面的分析和盘点的基础之上，正如俗话所说："旁观者清，当局者迷"，可见清楚地了解和认识自我是一件多么难的事情。

寻找自己的卖点，首先要知道自己的长处。不可否认，长处是一个人最大的优势和卖点所在，我们每个人的优势包括先天形成与后天铸就两个部分。关于先天形成的"卖点"，你可以从美国的布里格斯性格类型指标来寻找，该指标是从"外向、内向""感觉、直觉""思维、情感""判断、知觉"四种维度出发总结出了 16 种性格类型，每一种对应的维度之间都意味着个人的偏好是什么。比如一个人的注意力和能量多专注于外部的世界，即更外向型；看中想象力和信赖自己的灵感，即更直觉型；注重通过分析和衡量证据来做决定，即更思维型；喜欢以一种自由宽松的方式生活，即更知觉型。

当然，关于性格类型的分类有多种，但无论怎样划分，它们为我们揭示的真谛只有一个——我们每个人都是独一无二的，都是最好的。我们不必介意短处给我们带来的烦恼，只要管理好我们的长处，我们的生命就会放出光彩。

至于后天形成的优势则包括了我们在成长当中所积累的知识、技能、经验甚至是你的人际网络等等。

其次，虽然发扬自己的长处可以为我们带来更大的增值效应，但著名的"木桶原理"提示我们，一个木桶能盛多少水不取决于桶壁有多高，而是取决于桶壁上最低的那块板的高度，所以"扬长"的同时也要"避短"。我们了解自己短处的目的在于更清楚地认识自己，在努力创造优势效应的同时，也要规避短处可能给我们带来的负面影响。

最后，不管是"像企业一样经营自我""将自身看做是一个产品"，还是"寻找自己的卖点"，这一切的一切都离不开市场，只有找到你的优势与市场潜在机遇之间的契合点，规避掉可能会对你发展产生不利的潜在的市场威胁，你才能得到更好的发展。

经过上述的一番分析后，你就会对自己的现状有更深的了解，这对你找到自己的"卖点"会起到很好的帮助作用。

## 既然选择做倾听者，就不要光听而已

有这样一个聆听游戏：两人一组，一个人连续说 3 分钟，另外一个人只许听，不许发声，更不许插话，可以有身体语言。之后换过来。结束以后每人轮流先谈一谈听到对方说了些什么？然后由对方谈一谈听者描述的所听到的信息是不是自己想表达的？最后显示的结果与其他培训课上的情况相近，有 90% 的人存在一般沟通信息的丢失现象，有 75% 的人存在重要沟通信息的丢失现象，35% 的听者和说者之间对沟通的信息有严重分歧。

在世上，只喜欢谈论自己的人占大多数，因此愿意倾听别人说话的人最受欢迎。所以，成为聆听好手也是扩展人际关系的重点之一。学会和善于倾听，可以使自己的话语更有说服力，可以起到"四两拨千斤"的神奇力量，身在职场中的每一个人都可以从中得到一些启迪。

在职场中，我们常听到"倾听技能还有加强的空间"这样的话。事实上，许多人都认为自己善于倾听，转而把精力用在如何能够更有效地陈述自己的看法上。这样的做法其实产生了误导。良好的倾听是建立知识基础的关键，这样的知识基础才能激发新颖的见解，才能让你的陈述更有效。

倾听是一项珍贵的能力，认识自己的倾听行为将有助于你成为一名高效率的倾听者。美国著名心理学家托马斯·戈登将倾听分为三种层次。一个人从层次一成为层次三倾听者的过程，就是其沟通能力、交流效率不断提高的过程。

第一个层次：听者完全没有注意说话人所说的话，表面上在听实际上却在考虑其他毫无关联的事情，或想着如何辩驳。他更感兴趣的不是听，而是说。

第二个层次：听者主要倾听所说的字词和内容，但很多时候，还是错过了讲话者通过语调、身体姿势、手势、脸部表情和眼神所表达的意思，这可能让听者误解说话人的意思，忽略说话人的情感。

第三个层次：这种倾听者在说话者的信息中寻找感兴趣的部分，他们认为这是获取新的有用信息的契机，清楚自己的个人喜好和态度，能够更好地避免对说话者做出武断的评价或是受过激言语的影响，能够对对方的情感感同身受，能够设身处地地看待事物。

据统计，绝大多数人只能做到层次一和层次二的倾听，只有20%的人能做到第三个层次上的倾听。那么，如何成为一名优秀的倾听者呢？主要你要做到以下几点：

首要是尊重的态度。尊重别人，也因此赢得别人的敬重，从而才会产生好的想法。当然，态度尊敬并不代表避免询问尖锐的问题。好的倾听者会经常问问题，以挖掘出所需信息，协助对方做出更好决策。

其次要以关心的态度倾听，这就如同一块共鸣板，让说话者能够试探你的意见和情感，同时觉得你是以一种非裁决的、非评判的姿态出现的。不要马上就问许多问题。不停地提问给人的印象往往是听者感觉自己在受审。

还有，倾听时应保持安静。倾听的原则是在交谈过程中，80%的时间由对方说话，受众说话的时间只占20%。此外，应尽量让说话的时间有意义，也就是尽量用说话的时间问问题，而非表达自己的看法。

再有就是要避免放任个人意识阻碍倾听，抑制说话的冲动。有些人天生就知道如何在"表达"和"打断"之间划下清楚界线，但大多数人必须靠后天努力才能做到。虽然对话时有不时间问题打断的必要性，以将对话导回正轨或加快进行。但不要太过匆忙。

避免先入为主也是应该注意的，这种情形主要发生在你以个人态度投入时。当你以个人态度投入一个问题时往往导致愤怒和受伤的情感，或者使你过早地下结论，显得武断。

最后要注意的是尽量使用口语，使用简单的语句，如"呃""噢""我明白""是的"或者"有意思"等，来认同对方的陈述。通过说"说来听听""我们讨论讨论""我想听听你的想法"或者"我对你所说的很感兴趣"等，这样可以鼓励说话者谈论更多内容。

遵循这些原则，你就可以成为一名成功的倾听者。养成每天运用这些原则的习惯，将它内化为你的倾听能力，你会对由此带来的结果感到惊讶的。

总之，一个好的倾听者，更能够根据完善的判断做出更好的决策，做事情更加成功。只要能尊重、关心谈话的对象，保持安静让他们畅所欲言，开放心胸接纳一些可能破坏信念的事实，多使用一些口语，每一个人都可以掌握倾听的技巧，成为优秀的倾听者。

## 让别人在最短的时间记住你

在当今商界，马云仅用 6 分钟就得到孙正义 3500 万美元投资的故事一直被人们当做传奇而津津乐道。

1999 年 10 月，马云被安排与被称为网络风向标的软银老总孙正义见了面。孙正义对马云说的第一句话是："说说你的阿里巴巴吧！"于是，马云就开始讲公司的目标，他本来准备讲一个小时，可是刚刚开始 6 分钟，孙正义就从办公室那一头走过来，说："我决定投资你的公司，你要多少钱？"

当时，软银每年要接受 700 家公司的投资申请，只对其中 70 家公司投资，而孙正义只对其中一家亲自谈判，只对马云在这么短的时间内做出了投资决定。他们都在这 6 分钟内，明白了对方是什么样的人。孙正义对马云说："保持你独特的领导气质，这是我为你投资的最重要的原因。"

心理学研究发现，两个初次见面的人，45 秒钟内就能产生第一印象。第一印象又被称为首因效应，是指最先的印象对他人的社会知觉产生较强的影响。现代社会的生活节奏如此之快，很少有人会愿意花更多的时间去了解、证实一个留给他不美好第一印象的人。尽管有时第一印象并不完全准确，但第一印象总会主导一个人的决策。在生活中、工作中，尤其是在面试的时候，我们常常需要在众多的人中脱颖而出。在这个时候，你就要让别人在最短的时间记住你。

相亲、面试、见公婆、去新公司上班……一切与陌生人见面的场合都让人心中惴惴不安，人们不惜花费重金购置新衣，打造新形象，只是为了在第一次会面中以完美的形象出场，哪怕第二次、第三次会面时完全素面朝天。因为，人们都知道，第一次会面时有一种神秘的力量将左右结局，这就是"第一印象"。

人有这样一个特点，他们总是信任最初的印象，而宁可忽视后来的印象。在巴林银行，有一位中国女博士名叫南希，她平时穿着朴素，不善于自我展示，因此在面试的时候，她的能力被低估和忽视。尽管她因为计算机能力出色而被公司雇用，但她留下的那个普通、平凡的最初印象，却妨碍了她日后事业的发展。她的上司为此也感到非常遗憾。他说："她看起来像个再普通不过的女人，但进公司后，她的专业能力是超乎我们想象的。不幸的是由于进来时的位置太低了，我们只能在那个基础上为她加薪。"

如果第一印象是美好的，那么生活就会为我们敞开机遇的大门。20 世纪 90 年代初，北美被经济大萧条的阴影所笼罩，大学就业成为当时的一大难题。苏珊当时硕士还没有毕业，有一次她在学术会议中遇到了加拿大政治家出身的某咨询公司的总裁，苏珊凭借高度职业化的自我展示能力和流利的英语，使这位总裁立刻当场拍板雇用了苏珊，而且还付给她博士生待遇的工资。苏珊就是运用自己留下的"第一印象"的金钥匙，打开了在北美的事业大门。

可以毫不夸张地说，第一印象就是效率，它比第二次、第三次的印象和日后的了解更重要。第一印象的好坏几乎可以决定人们是否能够继续交往。美国勃依斯公司总裁海罗德说："大部分人没有时间去了解你，所以他们对你的第一印象是非常重要的。如果你给人的第一印象好，你才有可能开始第二步，如果你留下一个不良的第一印象，很多情况下，我们会相信第一印象基本上准确无误。对于寻求商机的人，一个糟糕的第一印象，就失去潜在的合作机会，这种案例数不胜数。你必须花费更多的时间才能够抹去糟糕的第一印象。"

不可否认，第一印象尽管有时并不完全准确，但是正如俗语："先入为主"，第一印象的建立如同在一张白纸上用毛笔写字，写上就难以再抹去。不管人们愿意与否，第一印象总会在以后的决策时，在人的感性和理性的分析中起着主导作用。

糟糕的第一印象能够让千辛万苦的努力化为幻影。尽管我们理直气壮地说："不要以书的表面来判断其内容。"但是不可否认，在全世界范围内每个人都是这么做的，包括我们自己。当别人在根据我们的外表和举动判断我们的内涵时，我们也通过观察别人的长相、身材、服装、言语、声调、动作等来判断他们的内涵。那么，人们是如何进行判断的呢？美国心理学家奥伯特·麦拉比安发现人的印象形成是这样分配的：55%取决于你的外表，包括服装、个人面貌、体形、发色等；38%是如何自我表现，包括你的语气、语调、手势、站姿、动作、坐姿等等；只有7%才是你所讲的真正内容。

心理学家还总结说，当一个人走进一个陌生的环境，人们立刻靠直觉给他进行至少十条总结：经济条件、教育背景、社会背景、精明老练度、可信度、婚姻与否、家庭出身背景、成功的可能性、年龄、艺术修养、健康状态等等。我们常听人说："一看他就知道他是一个什么样的人"，这就是第一印象。这所谓"一看"，无非只有几秒钟时间，而这几秒钟就可以让人们判断你的过去，预测你的未来。

第一印象在人的社会活动中起着太大的作用，但常常被人们忽视，如果你不想丢失任何成功的机会，别忘记第一印象的作用。

留下良好的第一印象，必须要做到以下几点：

第一，无论做什么事情，一定要着装准确，符合当时的环境。不要穿得太怪异，毕竟，新奇的东西不是每个人都可以接受的。身上的修饰的原则是简洁、干净、大方、自然。

第二，保持良好的风度。如果说衣着是一个人的审美力的反映的话，那么风度则是一个人的性格和气质的反映。有的人性格开朗，风度潇洒大方；有的人气质粗犷，风度豪放雄壮；有的人性格沉静，风度温文尔雅；有的人性格温柔，风度秀丽端庄。人的风度是多样的，不能强求一律。但是，无论哪种风度，都应当体现出人的美的本质。只有美的心灵，美的性格、气质，才能有美的风度。

第三，要注意自己的表情。人的心灵深处的想法都会在表情上显露无遗。一般人在到达见面的场所时，往往只注意着装打扮方面的问题，却忽略了表情的重要性。如果你想留给初次见面的人一个好印象，不妨照照镜子，审慎地检查一下自己的面部表情是否跟平时不一样，如果过于紧张的话，最好先冲着镜中的自己傻笑一番。

第四，动作举止潇洒大方。动作举止与一个人的本质关联不大，但却可影响他人对你的印象和看法。在一般人的心目中，"大人物"通常都有一副潇洒大方的样子和优哉游哉的神情。因此，你要想使自己看起来不那么渺小，不妨使自己的动作举止看起来大方优雅，使人在视觉上、心理上觉得你是个"大人物"。

第五，不要忽略分手的方式。心理学认为，人的记忆或印象会随着它在话语中出现的位置的不同而有深浅之分，而最有效果的是最初和最后的位置。所以，在事情进行过程中留下不好的印象或出现某些小问题，如果能在最后关头将良好印象深植于对方心中，就能挽回原来造成的损失。与人会谈结束的时候，如能将自己的感激之情用三言五语表达出来，一定会给对方留下难以忘怀的印象。

21世纪什么最宝贵，是时间。别人一不是你的亲友，二不是你的下属，没有谁有义务听你在一旁废话连篇，不知所云，也没有兴趣去和一个印象看上去很坏的人交往，所以，当你在与他人首次见面的时候，形象地绘制出自己在他人心中的光辉形象，使他人更容易记住自己。

## 人们容易留意精神抖擞的姿势

俗话说"站有站相，坐有坐相"，人们通过身体的坐卧立行等姿态表现出来的情感、意向、态度等各种信息的综合就是姿势语言。中国古代就有"危坐""端坐""斜坐""跪坐"和"盘坐"之分，分别用于不同的社会联结关系和语言环境。现代人自然不必一味模仿古人，拘泥于旧习，但也还是要有所讲究，因为这些虽属小节，然而毕竟是人的思想感情和文化修养的外观，人们可以通过这些姿势来表现个人的风雅，也常常通过观察别人的无声静姿去衡量他人的文明价值，甚至据此会在与对方开口交谈之前就形成极为肯定和极为否定的印象。精神抖擞的姿势总是令人赏心悦目，容易让人留意的，而萎靡不振的姿势最让人心生厌烦。因而，我们应该保持精神抖擞的姿势，树立良好的个人形象。

保持精神抖擞的姿势，有利于日常工作的开展。对一个企业而言，积极向上、热情饱满的精神态度代表着员工自身对本职工作的一种肯定，是做好工作、克服困难的最佳动力。有了正确的思想认识，才能更好地服务于公司，为公司去创造更大的经济价值。

前微软亚洲技术中心总经理唐骏在选取人才时有一个首要考察的条件，那就是一个人的精神面貌。他认为，只有抱有积极态度生活的人，才能在工作中发挥出自己最大的才能，并且对周围的同事产生积极的影响。

美国通用汽车公司招收新员工的做法可谓别出心裁。该公司招聘的最后一道程序是面试，但方法和内容却有着独到之处。面试的房间很大，应试者需要走过长长一段距离才能来到主考官面前。而6个主考官坐成一排，拿着应试者的情况介绍表并不提任何问题，只是注视一分钟后即示意应试者出去。就这样面试结束了。应试者们都觉得十分奇怪，怎么没有提问题就结束了呢？其实，根本用不着提问题，主考官从应试者一进门的走路姿态、神态以及在主考官前的坐姿、举止，到注视之下的表情、心理变化直到最终出门时的速度、动作，就可以完完全全断定出这个人的气质、性格、自信心、创造性，难道还需要再问什么问题吗？

员工的精神面貌影响着他今后的发展。不少人总是抱怨自己的机会太少了，才能得不到发挥。实际上，工作就是这样，你只有努力去做，才会有收获，关键看你怎样去把握。有的员工每天都在"混日子"，得过且过，不能认真地去对待自己的工作。也许你以为没有什么，你也是在工作，殊不知这种工作态度，早被领导或同事看在眼中，并一点一滴记录在案。你也许会纳闷，我工作的时候领导并没有在场，他凭什么做出这样的判断呢？很简单，你的姿势，你日常坐立行的姿势。你的姿势反映了你的精神状态，你的精神状态直接影响着你的工作。所以，你平时千万要时刻注意你的姿势，不要让上级看到你的萎靡不振的状态，更千万不要将这种状态带入到工作当中。不管是领导还是同事，没有人喜欢面对一个没有朝气、不思进取的员工。

德国表演大师吉布·佩森有一次谈演出体会时说："我就靠我的动作、姿态向人们昭示我的内心世界，昭示我的所思所想，昭示我的喜怒哀乐。"那么我们应该如何保持精神抖擞的姿态呢？

第一，保持良好的站姿。著名演讲家曲啸曾说："演讲者的体态、风貌、举止、表情都应给听众以协调的平衡的至美的感受，要想从语言、气质、神态、感情、意志、气魄等方面充分地表现出演讲者的特点，也只有在站立的情况下才有可能。"如果我们在日常也能做到这样，那么你的精神状态一定是良好的。

精神的站姿规范包括：（1）脊椎、后背挺直，胸略向前上方挺起；（2）两肩放松，重心主要支撑脚掌脚弓上；（3）挺胸，收腹，精神饱满，气息下沉；（4）脚应绷直，稳定重心位置。

第二，使坐姿显示出精神的状态。坐下时，椅子尽量坐深一点，双脚对齐，脚尖适度分开，上身挺直，双手放在膝上，同样头部摆正，闭上嘴巴，眼睛正视前方。当然，双手也可适度交叉，但双臂则绝对不可交叉。因为双臂交叉和跷腿一样，是非常不礼貌的行为。

第三，要想永远保持精神抖擞的姿势，你还要注意克制自己的情绪。如果在工作中遇到难题，短时间内又无法解决，不如稍事休息，如去倒杯茶，换换脑筋，然后接着干。如果累得快透不过气来时，就做做深呼吸，或者翻翻体育杂志，上网浏览娱乐八卦，找谁聊几句，说不定灵感在不经意间就来了。打电话的时候可以站起来，以此借机舒展舒展筋骨，使富含氧气的血液流进大脑，这个简单的变化能让你几个小时都精力倍旺。

永远保持精神抖擞的姿势，你要从平时做起，养成良好的习惯。比如经常晨练，起床后锻炼5分钟，做做俯卧撑和跳跃运动，使心率加快，就能达到理想的效果；要么对着镜子冲拳100下，感受那种能量积蓄的过程。养成午睡的习惯，

20 分钟左右的小憩是最理想的，它其实跟午睡一小时的效果相同。

保持精神抖擞的姿势，无论是对你个人还公司，都是一笔非常宝贵的财富。它给人留以深刻的印象，不但有助于工作的开展，更是对自己本职工作的最大肯定。

# 第九章

# 卓尔不群，其实只是多一点点用心

成功的人往往不是最聪明，但一定是最用心的。美籍华裔科学家丁肇中面对记者的提问，他竟然"一问三不知"，因为15年来他"只做了一件事"，就是在宇宙间寻找反物质。他的"不知道"给了我们深深的反思：成功其实就是在于用心做事。向着月亮奔跑，即使够不着月亮，你也会成为繁星中的一员。只要你肯用心，失败永远都不会绊住你的脚步，就算步履有些蹒跚，就算路途漫长无边，我们也会成为远方那最为耀眼的明星。

## 简历更精彩一点，职位非你莫属

一份只有一页，没有塑料封皮包装，也没有精美花哨的设计，总共768个字的简历，却能通过华为、腾讯等知名公司的简历关。重庆大学的吴芳芳投出去这样的简历有20多份，而且全部都有了回应。

看了上述的消息你可能不会太相信，但是那是事实。而且如果你掌握了一定的技巧的话，也能做到。

当今社会是一个竞争的社会，职场更是一个竞争最激烈的场所。对于新人而言，最开始竞争的是简历。因为你到任何一个招聘单位要做的第一件事就是要投递简历，而简历也是那些单位了解你的第一扇窗口。

制作好的简历，首先你一定要真正理解简历的作用。假如你应聘某个单位的时候，已经有人帮你和那个单位的领导打了招呼，那么你至少会有面试机会，在这种情况下，简历不过是走走过场而已。假如是用人单位主动找你，那么你也不需要简历。更多的情况是，现在是你在找一份合适的工作，并且没有"关系"能帮到你，那么你就需要一份合适的简历。很多人把投递简历当成一种机会游戏，至于结果只能听天由命，这不是一个很好的想法。

简历，是你和单位沟通的第一通道，是招聘人员了解你的第一个途径，引起用人单位对你的兴趣才是最重要的。就像你每天能见到形形色色的广告一样，招聘人员在招聘季节也是每天都能收到成百上千份简历。一份好的简历，可以让你在众多求职简历中脱颖而出，给招聘人员留下深刻的印象，然后给你面试通知。简历是帮助你进入某个单位的敲门砖，只要你的简历没有引起招聘单位的注意，那么你的这次应聘就是失败的。

一份简历有如此重要的作用，所以你必须加以重视。在国外，学生毕业后往往还参加专门的求职培训班，其中练习简历的写作是一项重要的内容。当然，在此方面花费的时间肯定会在你寻找工作，以及将来在企业界寻找更适合的工作中得到回报。而从网上复制一个模板，花半个小时制作一份简历可以说这是一种漫不经心的做法。如果你想对自己的工作负责，对自己的未来负责，首先你应该从找工作的时候就开始有负责的态度。

那么，如何才能让你的简历脱颖而出，得到招聘人员的注意，从而相信你有可能是他们正需要的合格、合适的人员，并且产生了把你叫来面试的想法呢。下面的一些方法可以作为参考。

第一，内容要扼要精炼。很多人认为简历越长越好，越长就说明经历越丰富，能力越强。其实不然。要知道，一份简历只能得到招聘人员60秒的"青睐"，而要在这么短的时间，翻看四五页，甚至厚达一本书的简历是不可能的。这就如同广告一样，所用的词汇越多，消费者就越难记住。简历简历，简单有力，专家的建议是最好不要超过两页，如果你能够用一页纸清晰地表达自己，也不要用两页。当然，对内容的精炼是个痛苦的过程，你必须反复思考，删除那些不太相关的信息，或者换用更简练的方式来表达。

第二，要有针对性。所谓针对性，包括两个方面，一是针对不同的职位，一是针对不同的单位。因为招聘单位的侧重点不同，所以你一定要根据应聘职位来制作简历，才能有的放矢，充分发挥简历的作用。不要为了省事而只制作一份简历，然后把它大量复印投递。仅凭一份简历包打天下是不可能的。修改的原则是"与职位最相关的信息"，判断哪些信息属于"与职位最相关的信息"的最好的办法就是站在公司的角度，站在招聘者的角度来思考问题。识别出"与职位最相关的信息"后，再根据这些对你的简历进行细致的修改，逐条检查简历中的每一项内容是否符合。

针对不同的公司，你在制作简历时就要考虑诸如公司文化、企业背景等这样的信息，这样才能有的放矢，把你的亮点有目的地展示给公司，使之与企业的理念契合，从而引起共鸣，最终顺利赢得这份工作。

第三，作为求职者，你需要通过简历告诉公司你过去取得的成就。但是，仅仅罗列成就并不足以吸引招聘者的目光，更有效的做法是把自己做的事情用清楚的、详细的、表示动作的词语叙述出来。可以说，在简历中动词是最常用的词，尤其是在经历部分，一般都是用动词开头的短句群。因为动词可以给人这样一种印象：你的作用是很大的，你做了很多事情。

第四，在你正式寄出一份简历之前，一定要进行修改。首先要查找并修改拼写和语法上的错误，接下来，你要在用词上进行再次润色，确保语言是最精炼的。检查在用词上是否遵循了方便阅读的原则，是否过多地使用了专业术语、生僻用语和缩略语。完成后可以将自己的简历传给同学、师兄师姐或者专业人士看看，听取别人的意见。因为旁观者清，换一个角度，别人也许能给你提出一些更好的意见和建议。

## 表达更从容一点，心若冰清天塌不惊

东汉开国皇帝刘秀在登基之前曾想以河北为根据地，发展自己的势力，光复汉朝。但遭到盘踞当地的军阀邯郸王王郎的通缉捉拿。刘秀无力对抗，只得带着几个亲信四处躲避。这一日他们来到饶阳县，还没有脱离险境，但带的干粮全吃完了。他们又饿又累，无处藏身，于是刘秀想出了一个虎口求食的办法。

刘秀等人装扮一番，冒充王郎的使者，从容不迫、大摇大摆走进了驿站。驿站官吏不敢怠慢，端来饭菜殷勤相待。刘秀等人因为饥饿，见了美味佳肴，都狼吞虎咽起来，结果引起了驿站官吏的注意，但他不敢贸然寻问。为了试探真假，那名官吏故意把大鼓连敲数十下，高喊邯郸王到了。

刘秀等人大吃一惊，但要逃跑已经来不及了。刘秀劝大家镇定自如地继续吃饭，自己则很从容地说："请邯郸王进入相见。"等了好一会，也不见邯郸王的影子，才知道是驿站官吏搞的名堂。酒足饭饱后，他们不敢久留，立即离开这里。

驿站官吏使诈，如果不是刘秀的从容应答，恐怕他们难以逃脱驿站。从古至今，许多人都把从容的表达作为一种能力，让其在许多重要场合发挥了不可估量的作用：三国时期诸葛亮的舌战群儒，郭子仪免胄见酋，还有周恩来日内瓦舌战十四国等等，而如今，在社会、在职场，如果你具备了这种能力，你会更顺利地解决问题，更容易地获取成功。反之，你可能会遇到更大的麻烦，或者直接导致你的失败。

假如，当你有事要向领导反映、有话要向领导说明时，因为紧张，导致说话结结巴巴，甚至乱了思路，变得语无伦次，一些原来准备好的话语也会忘记，不仅会严重影响交谈的效果，而且还会给领导留下不好的印象，影响你的事业发展。

假如，当你遇到一位心仪的男孩或女孩，想向他（她）表达你的爱意。你先将礼物交给对方，可是你却因为紧张，将早已准备好的话说得结结巴巴，结果又会怎样。对方也许会原谅你，但恐怕也留有一定的遗憾。

可以说，当现代社会中，从容地表达这种能力在工作和生活中越来越重要了，我们的言谈，随时会被别人当成判断我们的依据。我们说的话，显示出我们的修养程度；它们是受教育水平与文化程度的证明，所以我们必须重视它。不过，在现实生活中，我们常常会遇到这样的窘境：当我需要讲话时，却觉得心理非常紧张，使得自己不能清晰地思考，不能集中注意力，记不得自己要说什么，表达得非常混乱。这样的困惑80%的人都有，即使一些经常讲话的演讲家也不可能避免。

造成你不能从容表达的原因多种多样，往往也因人而异，但下面几点原因却带有极大的普遍性：

首先是担心听众给你的评价。这是造成不能从容表达的最主要的因素。现代心理学认为，在任何存在评价的场合，人们一般很难发挥自己原有的水平，大多数人对自己在初次约会中的表现不十分满意。在演讲中，由于评价是单向的，也就是说听众在"裁判"演讲人，所以演讲者的忧虑更多，心理负担更重。

其次是听众的地位、人数等。如果我们面对的听众比我们的地位高，或者我们认为比我们重要，我们讲话时便感到特别紧张。求职者在评估小组面前的表现往往很不自然，这一方面是因为评价忧虑，另一方面也无疑是因为评估小组"大权在握"。另外，当听众人数很多时，说话人便会倍加谨慎，因为他们觉得一旦出错，"那么多人"一下子都知道了。过分的小心谨慎加大了怯场的可能性和程度。

再有就是自己太"看重"自己了，也就是认为自己在什么地方都会引起他人的注意，所以在说话的时候，就会觉得大家的眼睛都在注视着自己，以至于"总是担心自己讲不好"，生怕别人笑话自己，结果越敏感就越害怕，越焦虑，最后出现越紧张越说不出，越说不出越紧张的情况了。

了解了原因之后，我们就可以"对症下药"了。

第一，充分的准备总是十分必要的。你对要表达的内容是否已经深思熟虑，是否收集到了所有所需的资料；你要说的话是否都紧扣主题，并且安排有序；你对自己的仪表和临场表现是否有充分信心；在演讲或谈话过程中会有哪些意外？自己想如何对付？

第二，为了避免紧张心理的加剧，你可以单刀直入地承认"害怕"。比如在你走进办公室见到领导的那一刻，先直截了当地承认："见到您，我心里非常紧张！"见来者先说怕，许多领导往往会这样说："怕什么？我是老虎啊？我又不吃人。"如此一来，一些领导就会表现出格外的热情和随和，即使你一时仍然紧张，他们也会因你的坦诚而给以谅解。而且当你公开说出"害怕"后，等于放下了心理包袱，情绪就会慢慢地轻松起来。

第三，你可以了解一下听众的兴趣。比如在与领导交谈前，可先向熟人了解一下他的兴趣和爱好，见面时就先从这些他感兴趣的话题入手。谈兴趣的目的，是为了找到共同的语言，及时沟通感情和融洽气氛。涉及到感兴趣的话题，对方的话就会多起来，感情也会投入些，态度自然会亲切和平和，你的心情也许就不会感到紧张了。

第四，你可以带点幽默感。俗话说："幽默是演讲中的食盐。"许多优秀的演讲人都会恰到好处地运用幽默以创造出成功的演讲。所以当你在谈话有些紧张时，不妨"幽默"一下，在轻松的笑声中解脱自己，这样也能缓解一下气氛。

## 说话更准确一点，严谨造就未来

古时候，一名剃头师傅的家中被盗，心情不好，愁容满面。恰好有一客人到来，见他愁眉不展，便问其原因。师傅答道："昨夜被强盗将我一年积蓄偷走，仔细想来，只当替强盗剃了一年的头。"客人当即大怒，另去了一家理发。这家的师傅问："先前有一师傅服侍您，为何另换小人？"客人就把前面发生的事细说了一遍。这师傅听了，点头说："像这样不会说话的剃头人，真是砸自己的饭碗。"

"你会说话吗？"这样问你，你一定觉得可笑，只要是正常人，说话谁不会？实际上，问题并没有那么简单。谁都会说话，但有些人说话总是欠考虑，不严谨，口不择言，结果是痛快在眼前，麻烦在后面。

20世纪，文学家胡适写了一篇杂文《差不多先生传》。书中的差不多先生有一句口头禅："凡事只要差不多就好了。"让他去买红糖，他买成了白糖，还说红糖和白糖不是差不多吗？把陕西和山西搞混了，"陕西"同"山西"不是差不多吗？记账记错了数，"千"字比"十"字只多了一小撇，不是差不多吗？坐火车误了点，说火车公司未免太认真了，八点三十分开与八点三十二分开，不是差不多吗？

这位差不多先生就这样过着日子，日子过得也"差不多"。最后，当差不多先生生病了，让去找王医生，别人却错找了牛医汪医生；"好在汪大夫同王大夫差不多。"他这样说，结果终因为"差不多"而一命呜呼。

正如文中所说的那样，差不多先生死后，"无数的人都学他的榜样"。在我们的生活工作中，经常能听到许多"差不多"的声音，他们做事不认真，说话不严谨，信口开河，殊不知，"差之毫厘，谬以千里"，"差不多"就是差多了！

人们常说："话为心声"，这句话或许有些绝对，有时候有些话往往不是一个人的本意，但关键在于别人通常会以为你的话是出自你的心声。不严谨、不准确地说话可能不是出于你本心，但这往往让别人对你产生误解，误会你的意思。

有一人请客，要请的客人有四位，其中三位先到了。主人有些着急，自言自语地说："唉，该来的还没来。"一名客人听了，心中有些不快："这么说，我就是不该来的来了？"于是他就起身告辞走了。主人不明就里，又说："不该走的又走了。"另一客人听了也不高兴了，心想"难道我就是那该走又赖着不走的？"他一生气，于是也站起身走了。主人这才明白是他们两个人误解了自己的意思，于是苦笑着对剩下的一位客人说："他们误会了，其实我不是说他们……"最后一位客人心想："你说的不是他们那就是我了。"主人的话未完，最后一位客人也走了。

由此看来，如果我们说出的话不准确，就可能引起误解，伤人败兴，惹怨招尤。所以我们要注意说话的场合、对象、气氛，千万不能口不择言，想说什么就说什么。就如同我们去菜市场，不能这样问卖肉的："师傅，你的肉多少钱一斤？"或饭馆服务员上了一盘香肠，说："先生，这是你的肠子。"这些听起来虽然是笑话，但我们也要注意避免。

"不怕事难做，就怕话难说"。事实上办事时，如果没有门路，也没有关系甚至没有资本都不可怕，最可怕的就是你不会说话。明朝人吕坤就认为，说话是人生第一难事。现实中，很多事其实并不需要太多的激情与奋斗，往往只需在说话时多注意一点，让话更准确一些，更严谨一些，让别人找不出毛病就可以了。

陈毅在担任我国外交部长的时候，曾主持过一次记者招待会，内容是关于当时国际形势的。在会上，陈毅谈到了不久前美制U—2型高空侦察机入侵我领空结果被击落的事情，并对此表示了极大的愤慨。有个外国记者趁机问道："外长先生，听说中国打下了这架侦察机，请问是用什么武器打下的？是导弹吗？"陈毅略一思索，然后用手作了一个用力往上捅的动作，说："我们是用竹竿子捅下来了。"话音刚落，与会者无不捧腹大笑，那个记者也知趣地不再追问了。

竹竿子能捅下高空侦察机吗？显然不能。陈毅回答的显然有弦外之音，但却妙不可言！试想，除此之外，还有什么更好的回答方式呢？如实相告，就会泄露我国的核心机密，当然不行；但按一般方法说"无可奉告"，会使会议气氛过于板滞、凝重，而"是用竹竿子捅的"这句错话，却听起来煞有介事，既维护了国家机密，又造成了幽默轻松的谈话气氛，真是一举两得，怎能不叫人拍手叫绝！这也足以见得陈毅外长说话的严谨性。

在我们日常的工作和生活中，也要注意说话的准确性、严谨性，不能让别人抓住"小尾巴"，这样会让你在人际关系中如鱼得水，左右逢源，而做事成功的机概率也会大大增加。言多必失，祸从口出，说话太多很容易让自己完全的暴露。所以古语"见人只说三分话"还是有一定道理的。当然，这并不是说要你完全封闭自己，而只是一种保护自我的手段，这样可以减少说错话的概率，减少因说话不准确、不严谨带来的麻烦。

## 钻研更深刻一点，志不强者智不达也

1995 年，27 岁的下岗女工刘春俪成为一家招待所的服务员。一天，刘春俪像往常一样，清扫招待所的走廊地毯。一位客人让她帮忙买块香皂。刘春俪以为是自己忘了给客人房间配放一次性香皂，她急忙向客人道歉。但客人告诉她："房间里已经有一次性香皂了，可是我讨厌用那种小香皂，体积太小了不好拿，容易掉，质量也太差。"刘春俪帮助客人买回了香皂后心想：客人出差在外，都喜欢方便，不愿意携带大块的香皂，而宾馆提供的香皂体积小、质量差，不能让客人满意。

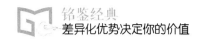

能不能做出一种折中的香皂，既能增大体积，又不影响质量，还不提升成本呢？

连续几天，刘春俪都被这个问题困扰着。一天，刘春俪无意中被孩子们玩的塑料球吸引住了。她想：如果在塑料球的外面包上一层香皂，即设计一种空心的香皂，这样，既能增加香皂的体积，又没有增加香皂的成本，一举两得。1998年4月，刘春俪申请到了新型香皂的专利权。1999年，这种新型香皂达到了可以批量生产的水平，没过多久，空心香皂就出现了供不应求的局面。刘春俪也从一个人人同情的下岗女工，成了一个身价数十万元的女老板。

"方向上的一小步，人生路上的一大步"，人一生的际遇，往往决定于人生道路上关键的几步。有人说，刘春俪的成功是偶然的。但是，肥皂小、不好握的现象几乎是宾馆、酒店服务员都知道的，但是为什么偏偏是刘春俪成功了呢？只是因为她比别人更喜欢钻研问题罢了。

一个人想获取成功，刻苦钻研的精神是不可缺少的，而要想在工作中获得领导的赞许、老板的赏识也是离不开这种精神的。每一个领导、老板都希望自己的员工能非常熟悉和了解业务知识，这样才能确保开展工作时得心应手，因此员工必须掌握丰富的知识，才能完成上司交给你的工作，这样就需要你下苦工，多刻苦钻研业务。另外，如果让老板感觉到你有着刻苦钻研的态度，相信你在他的心目中肯定会有一席之地的。

小李是去年刚分到单位的大学生，和他一起进单位的一共有十几个人，都是名牌大学毕业的。没毕业之前，小李对自己还是充满自信的，学校名气大，自己又是尖子生，认为到了单位肯定很受宠。但落实了单位，看到和自己站在同一起跑线上的人，都和自己差不多，有的甚至比自己还要优秀，他不免担心竞争不过别人而落伍。

参加工作后，小李在工作上一直很用心，老板让干什么，自己就去做什么。

但他发现，自己的努力并没有得到想象的效果。他的表现，没吸引住上司的眼球。小李为此很郁闷，不知道如何办才好。

一次很偶然的机会，小李和经理一起出差，两人在车上没事可干，就闲聊天，他向经理吐出了心中的苦闷。经理对他说，你总是能按时完成老板交给的任务是值得很多年轻人学习的，但是，一个人想要能为领导所爱，还要体现出自己的高价值。

"那应该注意哪些方式方法呢？"小李非常疑惑，"在我看来，只要把工作干好，不就行了吗？还需要做别的吗？是不是职场中真有潜规则？"

经理笑道："你把职场看得太消极了。孔子说'君子不器'，一个人在职场，需要掌握多种技能和本领，并不能单有业务技能。即使就本职工作，你也不能局限于仅仅完成任务，更应该多刻苦钻研，以期把工作做得更完美。"

对于一名员工而言，上司更看重你的潜质，而不是实际的工作成果。是看你今后有多大的发展潜能，而并不十分在意你现在能够做什么事。而要发展潜能，不刻苦钻研是不行的。

即使你想独自创业，也需要刻苦钻研的精神。创业有一定的阶段性，每个阶段应有不同的侧重，不能胡子眉毛一把抓。对于初步创业的人来说，如果没有特殊背景，必定缺乏独立业务来源，因此，很多人纠结于此，把注意力集中到市场开拓上。这种情况可以理解，但客观上有害于他们的健康成长。

注意力集中于开拓市场，多会面临着"生人不找你，熟人更不会找你"的窘境，开拓市场较之想象之中要困难，遭到拒绝的挫败感可能会导致丧失创业的信心。即使能够独立获得一定业务，也可能因专业技能不熟练出现偏差，风险较大，这样反而会使原有的社会信任减损，毁坏资源。

古人云："工欲善其事，必先利其器。"将主要精力用于处理好手头的事务，刻苦钻研本业务知识，可以对相关问题形成广泛、深入的了解，积累经验，磨砺自己的基本技能，并培养刻苦钻研的态度。工作态度与技能可以向客户证明你是崭露头角的未来之星，让别人对你产生信任，由此获得创业的成功。

要想成为好员工，对行业进行深刻的了解是非常有必要的。通常，对行业了解比较深刻的专业人士，在分析问题和解决问题时，往往更容易理清思路，找准问题的症结所在，更容易快速地解决问题。而如果你对行业的了解程度较浅，那么不管是解决问题，还是作出决策，甚至完成本职工作，都是有难度的。

那么怎样加深对本行业的了解呢？

第一，寻求资深人士的帮助。与该行业的资深人士进行深入交谈是一种最直接最有效的方法。这些人不但深入了解行业的近况，并且对行业的发展趋势以及所存在的问题都有非常深入的理解和认识。

第二，分析行业冠军的战略变化和转移。行业冠军之所以能够成为行业霸主就是因为对本行业有更加深入和透彻的了解。他们或者在行业中已经发展多年，或者拥有更多本行业的优秀人才，所以，他们往往更能敏锐地把握住行业的动态，能够更准确地预测出行业的发展趋势。因而，对行业冠军的战略变化和转移进行详细的分析和客观的判断，往往有助于本公司的战略制定，加深对行业的了解程度。

正是由于爱迪生的刻苦钻研，世界上才有了白炽灯；正是由于莱特兄弟的钻研，世界上有了飞机；正是富兰克林的钻研，人类才揭示了雷电的秘密……在每一个成功者的身上，都一定具有钻研精神，正因为人类有了钻研精神，我们才一步步地走向了更加美好的世界。而对于我们普通人而言，只要肯钻研、比别人想得更多一点，就会更容易出人头地，更容易取得成功。

# 看法更客观一点，放宽心成就大梦想

我国古语云"举贤不避亲"，举荐人才，无视仇亲，只有公义，这种道德勇气是国家社会人人所要培养的一种基本精神。能"公"才能去"私"，能去私才能互信不疑，这是任用人才的根本道理。实际上，在职场中，尤其是在一些民营企业初创的时候，领导重用的都是和自己关系密切的人，认为这样的关系有利发展事业。但是，这种亲密关系会制造很多障碍，不利于企业管理。管理强调坚持原则，按照规章办事，保证经营能够正常运行，而人际交往中友情和亲情多是感情的需求，一个理性一个感性，当二者出现矛盾，当然要首先保证理性，才能保证正常运营。

身处职场，无论你身为职工还是领导，都可能会遇到"公"与"私"二选一的时候，保持你客观的看法最为重要，不偏袒任何一方，不能因对方有才能却因是自己的亲属而拒绝，也不能因对方不能胜任却因是自己的亲信而任用。

在职场中，保持客观的看法尤为重要。中国人的等级观念比较强，我们从小就被父母这样教育：上学要听老师的话，工作要听领导的话，服从领导管理，所以在工作中我们总是把领导放在前面，无论是开会还是做报告，都要先提领导，受到表扬要先说受到领导的教诲，感谢领导……当然，服从上级管理在企业中非常重要，这是企业能够维持正常运作的基本保证。下属要服从领导安排，但也要敢于坚持自己的看法，"反对"领导。

比如，有的人工作中出了问题怕挨批评而不敢跟领导说，藏着掖着不让领导知道，等到领导知道的时候已经酿成很严重的后果。相比之下，造成的损失又较批评算得了什么呢？其实很多领导甚至是老板很乐意帮助下属解决问题，他们有大量的资源可以调动，对下属来说的大问题他们可能一句话、一个电话就可以解决。所以，当有自己已经尽力但却不能很好解决的问题时，应该客观地讲述自己所面临的困难，勇敢地请求领导的协助。

我们大概都有过被领导批评的经历。如果你迟到一次就被冠以没有时间观念的帽子，大约嘴上不说，心中也会极不服气。可以推测，这样批评的效果，甚至是反向的。因此，客观地描述事实，是我们必须学会的。

保持客观的看法，对管理层的人员也同样重要。管理层的人员也习惯于自己的强势地位，习惯于自己的惯性思维，更习惯于员工的沉默不语。殊不知，你这样地去批评他们，反而激发了他内心的不服，似乎无理变得有理了。

在职场中，还有很多人受到领导的误解、批评时往往会忍气吞声，这样时间久了就会牢骚满腹、因怨生恨，最后导致上下级的关系不好。其实，这样完全是没必要的，你完全可以找领导单独沟通，实事求是，客观地把事情讲清楚，然后把自己的想法告诉领导，双方坦诚相见很容易就消除误解。

作为领导，保持客观的看法，是非常必要的。要知道在职场中，员工基本上都属于弱势群体，极少有下属敢于指出领导甚全是老板的错误。管理是相互的，领导一方面要管理下属，同时也要接受下属的监督。领导应该有接受下属批评的胸怀与勇气，能够客观地看待下属提出的问题，这样不仅有利于企业的发展，更会让下属另眼相看，让你方便管理下属。

做到看法客观，必须要做到以下两点：

第一，坚持独立性。能够对事情做到看法客观的人，必定是善于独立思考的人，在学习中遇到疑难，在生活中遇到困难，或者在工作中遇到疑惑时都能独立思考，寻找答案。即使他请教别人，查阅资料，也是以独立思考为前提。

第二，能够做到全面性。思维力强，看问题不片面，能从不同角度整体地看待事物。

总而言之，无论你是作为员工还是领导，保持客观的看法都是很有必要的。客观地反映某一个事实，是职场人员平等相待的要求，也是同事之间互相尊重的要求。反映客观的语言技巧，是职场沟通的一个原则。

## 细节了解多一点，巧使人生添亮色

古语云："天下难事，必作于易；天下大事，必作于细"。可以说，一个不起眼的事件可以造就一个企业的成功，一连串不起眼的细节的忽视，可能就会导致一座现代化大楼的坍塌。小到一个人、一个家庭，大到一个地区、一个国家的成功，往往也都体现在对细节的注重上。

我国的一家大型企业中，有一次一个电工去换一个坏了的灯泡，却用了将近一个小时的时间。有人带有戏谑的口气问他："换一个灯泡用了这么长的时间啊？"这个电工只是笑了笑说："换灯泡是件非常简单的工作，但又不仅是换一个灯泡这样简单。这个工作不仅要把坏掉的灯泡换掉，同时还要检查与之相关的镇流器、触发器、电容等元件是否良好，电源是否正常，如果不彻底检查好，放过任何一个细节，灯泡换与不换没有什么区别"。

国内还有一家药厂，准备引进外资，扩大生产规模。他们邀请了世界著名的医药公司德国拜尔公司派代表来药厂考察。在进行了短暂的室内会谈之后，药厂厂长便陪同这位代表参观工厂。在参观制药车间的过程中，药厂厂长随地吐了一口痰，拜尔公司的代表看到了这个场景，当即拒绝继续参观，也终止了与这家药厂的谈判。

仔细品味这两则小故事，我们从中可以感到注重工作中细节的重要性。只有把工作做细，才是做好每一件事情的关键。甚至有时候会因一个细节没做到位，导致整个事情向着反方向发展。

伟大来自于平凡。要做好每一件事，关键要有认真对待事情的态度，对待事情的每一个细节要认真。一个企业每天需要做的事，就是重复着所谓平凡的小事。一个企业即使有再宏伟、英明的战略，如果没有严格、认真的细节执行，也难以获得成功。毫不夸张地说，现在的市场竞争已经到细节致胜的时代，不论是从企业的内部管理，还是外部的市场营销、客户服务，细节问题都可能关系到企业的前途。

海尔总裁张瑞敏先生在比较中国公司员工与日本公司员工的认真精神时曾说："如果让一个日本员工每天擦桌子六次，日本员工会不折不扣地执行，每天都会坚持擦六次。可是如果让一个中国员工去做，那么他在第一天可能会擦六遍，第二天可能也会擦六遍，但到了第三天，可能就只会擦五次，四次，三次，到后来，就不了了之。"有鉴于此，他表示，把每一件简单的事做好就是不简单，把每一件平凡的事做好就是不平凡。

注重细节是用心的体现。美国前国务卿鲍尔出身学历仪表均极为平凡，但在国内却备受美国民众推崇，探究其根源，与他本人注意细节的领导风格也不无关系。他在担任参谋首长联席会议主席期间，鹰派数次想发动战争，都因为他能够提出详实而精确的伤亡数字和代价而作罢。鲍尔认为，如果能掌握细节，就会做出截然不同的决定。他说主管一定要清楚部门的状况，并安排掌握这些信息的管理，他认为领导人若消息灵通就可以事前化解致命的伤害。我们只有用心留意我们工作的每一处细节，用心一一做好，才能达到预期目标。

细节决定成败，企业如此，做人亦是如此。一位名人说得好："播种行为，收获习惯；播种习惯，收获性格；播种性格，收获命运"。为人处事或是学习，都不仅仅是把握大局就可以了。许多成功的关键都是隐藏在一些不被人注意的小细节中。如果你注意到了，便能走对道路；你没有注意到，错过了，便可能失去这枚通往成功的钥匙。

一代国学大师季羡林毕生致力于学术研究，为了了解更多不为人知的小细节，他出外探寻走进人迹罕至的小村落，为了小细节，他研究多年，最终成为国人敬仰的大师，这与他严谨的治学态度是分不开的。如果他只是粗略了解前人留下来的文献，遇上一些细节部分的内容不深究，现在，怕是没几个人知道"季羡林"这个名字吧。

有人说，成功之门总是虚掩着，看你有没有能力发现并推开它，细节便是通向成功之门的关键。成败总在一瞬之间，将细节部分做好了，你只需轻轻一推，成功便在你眼前。

在工作中，注重细节其实就是一种工作态度。优秀员工与平庸员工之间的最大区别在于，前者注重细节，而后者则忽视细节。看不到细节，或者不把细节当回事的人，必然是对工作缺乏认真的态度，对事情只是敷衍了事的人。这种人无法把工作当成一种乐趣，而只是当做一种不得不受的苦役，因而在工作中缺乏热情。他们只能永远由别人分配给自己工作，甚至即便这样也不能把事情做好。这样的员工永远不会在企业中找到自己的立足之地。考虑到细节、注重细节的人，不仅认真对待工作，将小事做细，而且注重在做事的细节中找到机会，从而使自己走上成功之路。

## 办事效率快一点，领导满意多一分

海涛是一家公司的会计，因为快到年底了，老板催着要公司各部门的年度数据统计。本来这项工作的工作量并不算太大，但是海涛还是忙得不可开交。原来，他是个十足的聊天狂人，每天上班的第一件事就是浏览娱乐新闻，还经常泡八卦论坛，之后又忍不住与好友在网上交流一番。即使老板每天都在催促，海涛还是无法控制自己，每天要在网上耽搁很长时间。"最近比较忙"，海涛总是这样跟朋友说。可是到了交任务的那一天，他的工作才完成了一半。老板一气之下，连年终奖都没给，就让海涛走人了。

在职场中，"最近比较忙"几乎是每个人的口头禅，人们似乎总有着做不完的事情。但是，很多人整天忙忙碌碌却没有取得应得的业绩，从头到尾都是在"瞎折腾"，就像海涛一样。很多人尽管非常希望能不被人打扰，好好工作，但是他们的自控能力实在令人担忧。

没有效率是浪费时间最明显的表现。因为没有效率，一个企业家可能会因没有及时做出决策而失败，学生可能会因为没有及时掌握知识而错失学位，一位医生可能会因为延误看病时间导致病人失去生命，等等。没有效率是成功的天敌。

办事没效率这种现象无处不在，基本上在所有的企业都普遍存在。比如说领导布置的任务，员工不愿意主动去开拓，只有领导逼着才会往前走，做事磨磨蹭蹭，甚至有时候有一种病态的休闲。这种习惯一旦成为一种风气后，员工的工作效率就会变得非常低下，同时影响到周围人的士气，直接导致公司效益降低，甚至可能会将企业拖到倒闭的边缘。 因此，领导喜欢办事效率快、按时完成任务的员工，而那些喜欢拖延的员工，就是他们进行裁员的首要目标。

小陆毕业于一个普普通通的大学，因为学历问题，应聘了多家公司都遭到拒绝。好在他没有灰心，坚持不懈，终于找到了一家公司，但公司只让他做低级职员，负责一些零散琐碎的工作，比如说接电话，发文件等等。即使是这样的工作，小陆也会很认真地完成。每天他都会拿着文件奔走于各个办公室，从来没有耽误过每个任务。同事看着他忙碌的样子，认为他傻气十足。只有一个人不这样认为，那就是公司的老板，他觉得这个年轻人很有潜力，因为他办事效率太快了。

于是，老板将小陆调到了销售部。在新岗位上，小陆还是一如既往地工作。一次，老板给销售部下达了全年的任务，必须完成三百万的销售额。每个人都觉得这个任务太苛刻，连销售经理都在抱怨。大家觉得难以完成，都拖拖拉拉、漫不经心地工作着，只有小陆一个人仍然像以前那样勤快。离交任务还有一个月的时候，小陆已经完成了自己全部的销售任务，而其他同事最好的仅完成了60%。

老板看到小陆的成绩很高兴，于是辞退了原来的销售经理，提拔了小陆。

拖延并不能解决任何问题，拖延只是在浪费时间和生命，只有坚决执行，提高办事效率才会更优秀。而拖延，只会让你更平庸。只有每次提高办事效率，节约出更多的时间才能在人群中脱颖而出。那么，究竟怎么做才能提高办事效率呢？问题的关键不在于我们伏案工作多长时间，而在于我们为工作注入多少能量，在于我们所创造的价值。越来越多的研究表明，在一张一弛之间，我们的工作最富成效。现实情形与此相反，我们往往处于灰色地带，也就是说，我们在各种各样的任务中疲于应付，极少全身心投入其中任何一项。

美国著名的管理学者杜拉克曾在一家银行担任顾问。期间他发现这家银行的总裁非常善于管理时间。他有着极强的时间观念，非常注重自己的办事效率。他对所有无意义的事情都有意忽略；他不追求完美，但追求办事效果，对那些不重要的事情坚决说"不"。

每月杜拉克都要同这位总裁进行一次谈话。他发现，总裁每次总是与他谈一个半小时，而每次会谈，总裁事先都做了充分的准备，所谈内容每次仅限为一个题目。每当谈话时间进行到1小时20分钟时，总裁总是这样对他说："杜拉克先生，我看我们该做个结论了，也该决定下一次谈什么题目了。"1小时30分钟一到，他马上就站起来握手告别。

人们常说"人生苦短"，人生短暂才说明了时间的无限宝贵。生命是以时间来计算的，珍爱生命就应该珍惜时间，浪费时间就是浪费生命。同样的，时间也是工作的计算单位，在工作中浪费时间，也是在浪费生命。在工作中，存在着很多种浪费时间的行为，比如说聊天上网，消磨时光；比如说敷衍拖拉等，使要完成的事情越来越多，导致最后什么事情都没有完成。如果提高办事效率，充分利用每一分钟，就可以完成更多的事情，从某种程度上来说，这也延长了自己的生命。

提高办事效率，可以从以下几方面入手：

第一，要明确你的目标。花一点儿时间来审视你想要达到的目标，看看你现在所做的工作能不能帮你达到这个。如果不能的话，马上结束它而寻找其他工作。

第二，要明确结束时间。你还要继续工作30分钟？一个小时？还是3个小时？你必须知道自己还要坚持多久，这样才可以更加集中精神工作，并坚持到最后一分钟。

第三，要消除分散注意力的影响。排除一切可能干扰你工作的外在因素，直到你可以集中注意力工作。比如切断网络，关上门，挂上"请勿打扰"的标语等。

办事效率越高，越容易达到目标，你也会越来越有成就感。这样，将提高办事效率融入你的生活、工作的每一件事情中，你终将成为不拖拉、果敢、成功的人。

## 做事顾虑少一点，否则永远都不会去尝试

一名千金小姐随着婢女在饥荒中逃难，干粮吃尽后，婢女要小姐和她一起去乞讨。千金小姐饥饿到了极点，想去要饭，却想到自己是千金小姐，要饭太丢身份了。于是她说："我是小姐，怎么能做那些低贱的事情呢？"小姐不愿意去，结果被饿死了。

当我们还是小孩子的时候，我们都有过疯狂的主意和梦想。当人们问起"你长大后想干什么"时，你不会说"我想做一份稳定的工作"或者"我想在政府部门里找个铁饭碗"。你希望去做一些能让你兴奋的事情，你有热情的事情，你根本不会考虑能从中获取多少钱，你只是想去做这些。可是为什么长大后我们就失去了所有的热情、动力、愿望以及守住我们的梦想的力量了呢？是什么不敢让我们去尝试？我们为什么总会有那么多的顾虑？

我们为什么会不敢去尝试实现我们的梦想，以至于完全忽视了一个事实：追求自己的梦想永远不会太迟。我们可以理解人们为什么会这样，人们是有各种各样的顾虑。我们顾虑太多，这就导致了我们给自己编织了一个谎言：有些东西永远是不属于你的。我没有时间，我有家庭，我没有钱等等，这些都是借口。于是我们就默认了丢掉梦想也没什么，不去做那些你热爱的事情也没什么，成为一个平庸的人也没什么。

美国的一家报纸上曾登了这么一则广告："一美元购买一辆豪华轿车"。

看到这则广告，哈利觉得半信半疑："今天不是愚人节啊！"但是，他还是拿着一美元，按报纸上提供的地址找了去。在一栋漂亮的别墅前，哈利敲开了门。一位高贵的少妇为他打开门，问明来意后，少妇把哈利领到车库，指着一辆崭新的豪华轿车说："就是它了。"

"我可以试试车吗？"哈利害怕车有问题，就提议说。

"当然可以！"于是哈利开着车兜了一圈，一切正常。

"这辆车不是赃物吧？"哈利要求验看车照，少妇拿给他看了。

于是哈利付了一美元。当他要开走的时候，仍百思不得其解，问："太太，您能不能告诉我这是为什么？"

少妇叹了一口气，说："实话跟你说吧，这是我丈夫的遗物。他把所有的遗产都留给了我，只有这辆轿车是属于他的情妇的。但是，他在遗嘱里把这辆车的折卖权交给了我，所卖的款项交给他的情妇——于是，我决定卖掉它，一美元即可。

哈利恍然大悟，他开着轿车高高兴兴地回家了。路上，哈利碰到了他的朋友汤姆。当汤姆知道了哈利的事情后，一下子瘫倒在了地上："啊，一周前我就看到这则广告了！但是当时我顾虑太多了。"

想得简单，才能做得成功。机会总是伴随着风险的。一件事情，当你有七成把握的时候，就要下定决心，马上行动。当你有百分之百的把握的时候，恐怕机会就没有了。甚至你顾虑太多，不敢去做，那么连一点儿机会都没有了。秀才造反，十年不成，就是这个道理。

有这样两种思维模式，一种叫做"文盲卖瓜"，一种叫做"教授卖瓜"：文盲老汉想得少，所以顾虑也少，想做就做。最初也许有波折，但越做越有经验，最后终于赚了钱。大学教授也想卖瓜，先计算毛利，再计算工商税务，最后还要考虑风险：如果我买来一车西瓜，万一有1/5生的怎么办？即使没有这么多生的，万一有1/5坏了或卖不出去怎么办？……这样"万一"来"万一"去，顾虑重重，最后终于"胜利大退堂"。

在这个世界上，什么事都有可能发生。如果对奇迹都不敢相信，怎么能获得奇迹呢？顾虑太多，害怕去尝试，这将是你犯的最大的错误。

事实上，在如今这个竞争如此激烈的社会，过于顾虑只会让人生之路越走越窄。当然，这并不是说任何人都不能有所顾虑，或者有所顾虑就不能干成大事。只是说在做事时，不能有过多的顾虑，尤其在一些关键时刻，更不要去顾虑什么，否则，很可能无路可走。

如果你还没取得成功、你还在起步阶段，那更不要顾虑太多——你的学历高、家庭背景好、你的身份和面子，让自己回归到"普通人"。同时，也不要顾虑别人的眼光和批评，做你认为值得做的事，走你认为值得走的路。

顾虑少的人在社会中更有竞争的优势。顾虑少的人，他的思考富有高度的弹性，不会有刻板的观念，而能吸收各种信息，形成一个庞大而多样的信息库，这将是他的本钱。顾虑少的人能比别人早一步抓到好机会，也能比别人抓到更多的机会。如果你在追求成功，你就不能顾虑太多，不管是你现在身份卑贱还是高贵，不管以往你是成功还是失败，都应该让自己平心静气，从零开始，这样，你的路才会越走越宽，才越来越容易获得成功。

## 第十章

# 让你的人生从此"与众不同"

人最重要的是找到属于自己的世界，只有找到属于自己的世界，人生才会有意义。既然活着，就要走下去，也一定能走下去。一个人的一生可以没有辉煌，但不可以没有创造辉煌的欲望和信心。成功与失败无关紧要，重要的是每一次经历都能丰富人生，给人以坚定的信念，始终给自己创造机会，本着相信自己，战胜自己，我一定能行的心态，向前方看齐！

## 成功的人不是只读书、读死书

天子重英豪，文章教尔曹。

万般皆下品，惟有读书高。

我国古人把读书看得非常高、非常重，甚至当成了安身立命之本。对于那些有品位的家族，往往誉之为"诗书之家、诗礼之家"。读书的好处多多，这是古今一致的看法。

不过，读书可以让人变得智慧，但也可能让人变得迂腐！伯乐的儿子拿着《相马图》到处寻找千里马，结果却寻到一只癞蛤蟆；赵括熟读兵书，谈及兵法口若悬河，结果却致使数十万赵军被坑杀，自己也身败名裂。因死读书、恪守书本知识而失败的教训多多！不管历史还是现实，很多成功人士都是不读书的。一首古诗云：

竹帛烟销帝业虚，关河空锁祖龙居。

坑灰未冷山东乱，刘项原来不读书。

秦朝末年叱咤风云的农民起义领袖刘邦、项羽都不读书，但他们振臂一呼，应者云集，都成就了一番霸业。

古人对读书之所以非常推崇，是因为封建帝王为了维护自己的统治，把科举考试当成了选拔官员的唯一途径。一个人如果想出人头地，只有参加科举考试一条路可走。考试就必须读书，所以读书就非常重要了。那么是不是可以干别的呢？不行！在封建社会，其他行业都是"奇技淫巧"、不入主流的，甚至会招来杀身之祸。所以，只有读书才是唯一的正途了。如今，我们已经进入了高度文明时代，科举考试早已废除，读书做官早已经不是出人头地的唯一选择，各行各业蓬勃发展，给人们提供了许多成功的机会。当前，许多成功人士都没有接受正规教育，虽然我们不能用此来论证"读书无用论"，但如果我们因为读书变得不谙世事、笨手笨脚、自我羁绊，那么还倒不如不读书。

阿里巴巴的创始人马云曾说："读书像汽车加油，得知道去哪里，装得太多就成了油罐车。不读书和读书太多的人，都不太会成功，所以别读太多书。"台湾广达董事长林百里也表示，他当年在台大电机系时，就是因为书没读好，所以才会成功。他认为，台大当时的学生都是死读书，读书如念圣经，以至于都无法创新。他没有读书，所以才有今日的成就。

马云、林百里的话，是他们个人的体验，当然有其道理所在。世界上的确有很多成功者没有受过完整的正式教育。乔布斯、比尔·盖茨等，都是大学的中辍生，反而能取得惊人的成就。王永庆只读完小学，却被称为台湾的经营之神。

当然，少数天才的成就，不能推论说只有不读书才能成功。没有念大学，或是有没有把书读好，并不是重点。真正重要的是，一个人用什么方式念书，有没有吸取到书中的智慧，还是只读书、读死书。

有的人只是读死书，把读书当成考试的工具，读书真正的目的反而不见了。还有的人很用功，也很认真思考。但是，往往只是集中在书本上，跟社会没有连结，对生活也没有体会，这种学生可以把书读得不错，但都偏向抽象性的理解，不清楚社会的实际运作。因此，他们的知识往往只是文字游戏，无法产生价值与意义。这两种就是我们所说的读死书和只读书。

读死书、只读书都不是好的读书方法。好的读书方法，是把书本与生活结合，体会书中的智慧，这样才能应用到实际中，产生价值，获取成功。

只读书、读死书对获取成功是非常不利的。首先，一个人的成功与知识有关，更与你的人脉有关。现代社会是信息发达社会，任何人都不能"屋内打井、房顶走车"。只读书的人就会减少与他人的沟通与交往，人与人的关系就会相对淡漠，形不成一定的人气，得不到朋友的信息和帮助，做什么都很难成功。

其次，把书读死了，头脑中就会形成一定的框框，事事都要按部就班、循规蹈矩，缺乏灵活。一件很容易完成的事情，但是要一个读书人来做，他就会考虑方方面面的难处，自己给自己设置许多障碍，最后是"秀才造反，三年不成"。读书不等于知识，知识不等同能力，能力不代表成功。改革开放初期，经商做买卖的人多是没有文化的无业游民，这些人文化不高，甚至根本不读书，但也恰恰没有了书本的束缚，天性中的勇气与胆略发挥得淋漓尽致，导致他们后来的成功。

还有，书读多了，读死了，还可能产生心态扭曲。有的人自恃有文化，看不惯这个，看不惯那个，整日感叹"举世浑浊惟我独清，众人皆醉惟我独醒"。一般心态正常的人，打打零工、干干体力活也不觉得丢脸，都是正当的谋生手段，无可厚非。但有些读书人就会觉得没有面子。经商赚钱是再正常不过的事情，一般人完全可以做，但读书人觉得太世俗了，不想去做，结果整个一生都是一事无成。

整日沉浸在书本中，难免会产生惰性，一书在手，就会两耳不闻窗外事，自然对经商等不利，即使想在文化领域获取成功也并非易事。读书多了，你也许可以写出一些小文章，但这并非难事，多数人都能做到，但如果想写出大部头的传世之作就困难了。纵观历史上的名作，哪一个不是需要广博的文化积累、丰富的社会实践、活跃的思维，这又岂是只读书、死读书之人所能做到的。

所以，只读书、读死书的人是很难获取成功的。我们读书，不仅要弄清书中表达内容的来龙去脉，更要把书的内容与我们的现实联系起来。如果不能做到，那还不如果断地撇开书本、直接走向社会，或者只把读书当成一种消遣好些。

## 利用另外 8 小时，缩短生命里的种种落差

2 的 67 次方减去 1，到底是质数还是合数？一百多年前，这一道数学难题，如同哥德巴赫猜想一样，一直叫全世界的数学家头痛。1903 年 10 月，在纽约的一次数学学会上，又有人提出这个问题。这时，只见数学家科尔登上讲坛，拿起粉笔，一言不发，把 2 自乘 67 次后再减去 1。接着又把 193、707、721 和 767、838、257、287 两组数字用竖式连乘，两次计算结果相同。科尔没有解释，默默地回到了自己的座位上。到会的是数学家，他们一眼就看懂了：2 的 67 次方减去 1，这个数确实是合数，而不是人们怀疑的质数。台下爆发出热烈的掌声。

一道困扰全世界数学家多年的数学难题就这样被破解了。有人问科尔："您论证这个课题前后共花了多少时间？"科尔回答："三年内的全部星期天。"

"三年内的全部星期天"，多么有力的声音！"星期天"这个被人们休闲的业余时间，却被科尔充分利用起来，从而成了一位卓越的数学家。

伟大的科学家爱因斯坦曾说过：人的差别在于业余时间。也有一个有名的

三八理论：8小时睡觉，8小时工作，这个人人一样。人与人之间的不同，是在于其余8小时业余时间怎么度过。时间是最有情，也最无情的东西，每人拥有的都一样，非常公平。又有同样的时间却成就不同，这就在于你是如何利用时间的。

加拿大医学教育家奥斯勒，成功地研究了第三种血细胞（血小板）及其他成就。据说，他为了从繁忙的工作中挤出时间读书，为自己定下一个制度：睡觉之前必须读15分钟的书。之后，不管一天的工作忙碌到多晚进卧室，即使是两三点钟，他也一定要读15分钟的书才入睡。他坚持这个制度整整半个世纪之久，共读了8235万字、1098本书，由此，一个医学专家成了文学研究家。可以说奥斯勒赋予业余时间以生命的神奇。

我们每个人都有很多不同，家庭背景不同，教育程度不同，所处环境不同，能力不同，爱好不同，性格不同，但是，为什么说是"业余时间"不同是最大的差异呢？因为前述种种大多是定型的，不可改变的，而业余时间却是我们可以自由安排的，既可以用来休息娱乐，也可以用来充电，可以用来追赶超越，也可用来弥补漏洞。业余时间往往可以造就一个人，也可以毁掉一个人。我国数学家苏步青把点滴时间称为"零头布"，他就是利用两年多的"零头布"写出了16万字的专著《仿射微分几何》。

一个城郊的居民区里住着这样两户人家，他们的房子相邻，都在同一家炼铁石的工厂上班。厂里工作辛苦，工资也不高。下班后，两个人都有自己的活：一个到城里去蹬三轮车，一个在街边弄了一个修车摊。蹬三轮车的人赚钱很多，甚至高过了工资；修车的虽然不如他，但能对付日常开支，缓解生活压力。有一天，两个人说起自己的愿望。蹬三轮车的说："我以后天天有车蹬就很满足了。"修车的说："我希望有一天能在城里开一间修车铺。"5年过去了，他们还是过着同样的生活。10 年后，修车的那位真的当起了老板，在城里经营着一家修车铺。蹬三轮车的那位还是下班了去城里蹬车。

有这样一项调查显示，我国居民在电视机前每天是 3 小时 38 分，打发掉自己近一半的闲暇时光。日本、美国人每天看电视的时间分别为 1 小时 37 分和 2 小时 14 分。调查还显示：本科以上高学历者的终生工作时间是低学历者的四倍，收入是其七倍以上。学历越高，越重视终生学习，平均日学习时间为 61 分钟。

可以说一个人若想成功，就必须懂得珍惜和利用好业余时间。每个人的业余时间有多少？业余时间如何用？这里大有学问。把业余时间用到与工作有关的方面，使之作为"正业"的补充和延续，也可以用到健康的业余爱好上，丰富业余生活，从而提高工作效率。你的生活方式和生活内容也就趋于变化，你的理想和追求与人就大大不同了，这时你自觉不自觉地与他人出现了差异。

《青年文摘》曾刊载了爱尔斯金的《忙里偷闲》一文。文中讲述了他和自己的钢琴教师卡尔·华尔德的故事。有一天，卡尔·华尔德给他教课的时候，忽然问他，每天要花多少时间练琴，爱尔斯金说大约三四个小时。"你每次练习，时间都很长吗？"老师又问。"我想这样才好。"爱尔斯金说。"不，不要这样。"卡尔·华尔德说，"你将来长大以后，每天不会有长时间的空闲。你可以养成习惯，把练习的时间分散在一天里面，如此弹钢琴就成了你日常生活的一部分了。"

当时爱尔斯金只有 14 岁，并没有听懂老师的话。后来他在哥伦比亚大学教书的时候，想兼职从事创作，可是上课、看卷子、开会等事情把他白天晚上的时间完全占满了，差不多有两年他都一字未动，他的理由是没有时间。这时，他才想起了卡尔·华尔德先生告诉他的话，并在下一个星期实践起来。只要有 5 分钟的空闲时间，他便坐下来写作 100 字或短短几行。出乎意料的是，在那个周末，他竟发现写了好多文字。

后来，爱尔斯金用同样的方法积少成多，创作长篇小说。他的授课工作虽然十分繁重，但是每天仍有许多可资利用的空余时间。他同时还练习钢琴。他发现每天小小的间歇时间，足够他从事创作与弹琴两项工作。

卡尔·华尔德先生对于爱尔斯金的一生有极为重大的影响。由于他，爱尔斯金发现了如果能充分利用极短的时间，就能积少成多地供给你所需要的长时间。

如今，我们已经步入信息化社会，拥抱知识经济时代，也必然地要求我们压缩以至挤占业余时间。市场竞争无孔不入，在业余时间，我们也能嗅到一股知识和金钱的气息。搜狐总裁张朝阳说："我就是平凡人，我没有发现自己与别人有什么大的不同。如果说有不同，那就是我每天平均除了 7 个小时睡觉外，其他时间都在工作和思考"。

当然，不会休息的人就不会工作，休息是要为工作养精蓄锐、充电增智，而绝不是沉溺于花天酒地、摸牌赌博等无聊、颓废或违法活动之中。我们所处的这个时代，需要积极向上的人生态度，需要不知疲倦的进取精神。我们一定要管理好自己的业余时间，并使之成为一种自觉行为，做一些有利于工作、学习和健康的事情。

## 不能默默期待升迁，要勇于毛遂自荐

两千多年前的战国时期，是中国历史上的大动荡时期，也是人才辈出的时期。毛遂就是其中之一，他本是赵国平原君的门客。秦兵攻打赵国，平原君奉命到楚国求救，毛遂便自己推荐自己，请求一同前往。但是平原君却根本没把毛遂放在眼里，还挖苦："我听说有才能的人不管在什么地方，他的才能就像锥子放在口袋里一样，针尖马上就会露出来，先生您在我这儿呆了三年，却没什么举动，我看你还是别去了。"然而，毛遂却从容地说："问题是你一直没有把我放在口袋里，否则我的才能早已像锥子一样全部露出来了，岂止是露个尖呀！"平原君见他出语不凡，就答应了。到了楚国，平原君跟楚王谈了一上午都没有结果，此时毛遂大步上前，唇枪舌剑，陈述利害，使得楚王终于答应派兵去救赵国。毛遂也因此声威大震，并获得了"三寸之舌强于百万之师"的千古美誉，可谓一战成名。

毛遂瞅准了时机，最终自荐成功，在上级万分危急而又束手无策时挺身而出，显示出非凡的自信和过人的才华，找到了自己的用武之地。后来人们用"毛遂自荐"比喻自己推荐自己。

有人把毛遂自荐与"出风头"联系在一起，这显然是错误的。毛遂自荐，主动进取，充分显示自己的才能，这不是出风头，而是对自己的尊重以及对社会的负责。有些真知灼见，你不宣传，别人就不知晓。有些对社会进步具有促进作用的创新见解，你不宣传，也就无法得到推广。这不仅是个人的损失，也是社会的损失。

"含而不露"一直被中国人看作是一种美德，一个人的优点、成绩和才能，也只能由别人来发现。尽管你的成绩突出，知识渊博，才华惊人，也必须要谦称自己"才疏学浅"。如果一个人锋芒太露，就很容易招来非议。古往今来，人们称颂的永远是恭顺谦让之人，因此，"毛遂自荐"的故事总不如"三顾茅庐"的故事听起来入耳；勇于表现自己的人，也总不如谦谦君子那样受欢迎。然而，时过境迁，在当今激烈竞争的年代，如果还一味地做谦谦君子，很可能会让你丧失升迁、发展的良机。

小王是一家单位市场部的销售员，工作很出色，善于与人沟通，办公室里的人都经常征求他对计划的意见。在职业发展方面，小王希望能晋升到市场部经理的岗位，凭他的能力，这是顺理成章的事情。但是，日复一日、年复一年，他仍在原来的岗位上工作。人们不禁要问，小王工作这么出色，为什么没有得到晋升呢？

工作能力强的人没有得到晋升，一个最普遍的原因是他们认为，如果自己工作出色，晋升是自然而然的事情。不幸的是，如果你从来没有提出晋升的要求，你的上级就可能一直不考虑把你提升到一个新的岗位上去。也就是说，如果想在职场中得到晋升，就必须毛遂自荐。社会已经进入了快节奏、高效率的时代，需要的是干脆利落、敢断敢行的作风。时间那么宝贵，任何企业都不会忍受羞羞答答的"谦逊"，不愿听那种"绕弯弯"式的"自谦之辞"。你能够胜任，就来干；不能胜任，就让开。故作姿态，以示谦虚，这是完全没有必要的。

在当代社会，公司招聘职员，并不是首先看你是否谦恭有礼，而是首先看你是否有真才实学，是否能胜任你要应聘的工作。你应当实事求是地介绍自己，介绍自己的长处，介绍自己的才能，介绍自己能做什么，不必谦逊，直来直去，使别人了解你。这样，你才能得到机会。

在当今社会，错过了机会，知识就会贬值，能力就会打折。如果一个人不能抓住机会，大胆地、主动地展现出自己的才能，而总是一味地谦逊、"含而不露"，等到有一天别人终于发现你时，你的知识和特长或许已经成了过时的东西。在日新月异的现代社会，无论你怎样有才能，也只能在短时间内保持优势，能不能在这短短的时间内被上级认可，获得施展的舞台，将成为决定你是否能够晋升的关键。

毛遂自荐，实际上是推动人们进取向上的一种心理动力。没有一个人愿意自己默默无闻，谁都想让别人知道自己的存在，这也是鞭策人们奋发图强的一个动力。要想在高竞争的职场中生存，必须也要有毛遂自荐的精神。然而，在你准备毛遂自荐，晋升新岗位的时候，你也需要注意一些事项。

首先，要将个人目标和公司目标相结合。所以，最好先列出一份个人技能清单，表明你能胜任新的岗位，填补人才空白，带来经济效益。能证明自己才有机会获得新岗位。

接着你要回顾自己的工作表现，比如怎么样能把现有工作做得更好？是否能完成命令以外的任务？老板是不会提拔一个懒怠的员工的，额外的努力和出其意料的建议都会让你脱颖而出，得到升职机会。

还有就是，既要强调现有技能，也要说说自己潜在的才能，因为企业喜欢那些有潜力的员工。做好这些准备后，你就可以自信地敲开领导的办公室，毛遂自荐，去争取晋升的机会。

## 机会更喜欢"主动向它叩门"的人

某一天，在张家口市的一个小山村里，非常少见地开进了一辆汽车。这几乎让全村人倾巢而动，将汽车围了起来。车上走下一个中年男子，他问："你们谁想演电影？请举手。"他问了几遍，虽然周围的人很多，但没一个人说话。

这时，人群中有一个小女孩儿站了出来，鼓足勇气说："我想演。"

众人一看，都有些失望，因为他们在电影电视中看到的演员都是漂亮而性感的，而眼前的这个小女孩不仅长得不漂亮，身材也不是很好。

"你会唱歌吗？"中年男子又问。

女孩子开口就唱："我们的祖国是花园，花园的花朵真鲜艳……"

这一下，村里人都笑了起来，因为她唱得实在不好听，而且竟然连歌词都忘了。不过令众人更吃惊的是，那个中年男子却用手一指那个女孩说："好，就是你了！"

那个小女孩儿名叫魏敏芝，这次她幸运地被著名导演张艺谋选中，并在电影《一个都不能少》中出任了女主角。电影播出后，魏敏芝的名字很快传遍了大江南北。后来她读了大学，又出国进行了深造，之后成为了导演，跻身于名流世界。

一次大胆举手，一个难得的机遇便被她紧紧抓住了，从而打开了一扇成功之门。人们认为魏敏芝是幸运的，然而如果她没有争取主动，则很难说她会脱颖而出。

我们常常听到这样的抱怨："苹果为什么专掉在了牛顿的头上而不是掉在我的头上？如果掉在我的头上，我也会发现万有引力；为什么小磁针专在奥斯特面前转动，如果这种现象在我面前出现，我也会发现电磁感应现象……"等等，事情真的是这样吗？我们不妨设想一下这样的场景：在你必经的路上不偏不倚地掉下了一个苹果，结果是什么？你把它拾起来吃了。我们上过无数堂的实验课，物理的、化学的、生物的，但是你又认认真真地上过几堂？别说像小磁针稍纵即逝的变化，那些明显的现象你又注意到了多少？

这样，你还会说你错过的仅仅是机会吗？任何人的成功都是来自于自觉地去寻找机会，发挥创造力。如果你只会守株待兔，那么你永远逮不着那千万分之一的概率撞死在树上的兔子。

古希腊的亚历山大大帝率领军队开始了征服世界之战。在某一次战斗结束后的休息期间，有将领问："我们是否等待机会来临，再去进攻下一个城市？"亚历山大听了这话，不屑一顾地说："机会？机会是要我们自己去创造的！"

现代的社会，瞬息万变，各种机遇稍纵即逝。"弱者等待机会，强者创造机会"，因此，适时展示自己，推销自己，使自己脱颖而出，不仅是获取成功的重要手段，也实为在竞争中生存下来的必需法则。

俗话说，"山有名胜石为宝，人有眼光土生金"，那些成功之人有一个共同点，他们都能够用自己的眼光去发现，自己当"伯乐"，在生活中发现并创造成功的奇迹。认识了这一点，你就不会再有怀才不遇之感，也不会再自怨自艾。如果相信自己是千里马，那就不要四处寻找赏识自己的伯乐，伯乐在哪里并不重要，因为你自己就是发现自己的伯乐。

在这个知识与科技发展一日千里的时代，随着知识、技能的更新越来越快，如果你掌握了某种领先的科技，而你又不采取主动，一味地等待别人来发现，那么一旦没有遇到伯乐，时间一长，别人很快会赶超上来，你的优势就将不再。只有主动出击，寻找机会，才会让你的优势发挥出来。

在职场中也是这样，如果你想在众多的同事当中脱颖而出，在最短的时间内提职加薪，在关键时刻被老板发现，都要主动出击，寻找机会。里克夫说："生活是没有旁观者的，无论你想要什么，都需要自己主动去争取。"如果我们觉得老板总是看不到自己的成绩，自己一直得不到重用，可以考虑到业绩差的部门发展。有的部门业绩差，不是业绩提升不了，而是因为一些特殊原因，例如新成立的部门，刚开始业绩当然不会太好。但只要我们认为有潜力，就可以抓住机会，主动请缨，这可能是我们光芒四射的机会，因为这时候老板容易看到我们的成绩。又如公司在偏远地方的办事处、分公司，大家都不愿意去，而那就是我们发光的机会。老板很欣赏到公司最需要的地方去的员工，也会很注意他们的业绩。

主动出击，寻找机会，这不是一个口号一个动作，而是要充分发挥自己的主观能动性，尽一切努力，想尽一切办法把事情做好，这应该成为我们面对生活、面对工作、面对人生的态度。我们现在生活在高速发展的现代社会，每时每刻都会接受一些新的挑战和挫折，总会经历一些风浪。在这些风浪面前，有人退却了，就这么平庸一生，甚或开始怨天尤人；当然，也有人在同样的环境中脱颖而出，成为了强者。其实，这一切的一切，就在于一念之差。而所谓的一念之差，就是一种态度——面对生活，面对工作，面对人生的态度。仔细想来，"主动出击，

寻找机会"就是一种可以帮助你扫平一切挫折的积极健康的人生态度。

## 成功的人希望靠投资致富

2006 年 6 月，一则篇幅不长的消息炸响了中国人的耳朵：段永平以 62.01 万美元（约 500 万元人民币）竞得与"股神"巴菲特共进午餐的机会。而之后，他的一番话再次牵动了许多人的心，因为他坦承：过去五年他在美国投资赚到的钱，比此前他在国内做十多年企业赚的钱还要多得多，"可以说，我大部分的财产都是在美国赚的。"

段永平何许人也？段永平，江西泰和人，1989 年，28 岁的他在中国人民大学获得计量经济学硕士学位后南下广东，次年在中山日华电子厂（小霸王的前身）任厂长，五年内他将这家亏损 200 万元的小厂做到 10 亿的年产值。1995 年，他另立门户，在东莞创立步步高电子有限公司，任董事长兼总经理。经过十多年的发展，步步高已在中国的 DVD、无绳电话、复读机等领域跻身第一集团军。

如此规模的大厂，十余年的效益竟然不如五年投资所赚，投资带来的回报可想而知。

投资，这个词的含义很广，在金融和经济方面主要指财产的累积以求在未来得到收益。相较于投机而言，投资的时间段更长一些，更趋向是为了在未来一定时间段内获得某种比较持续稳定的现金流收益，是未来收益的累积。

一直以来，尤其是对于国人，人们都有把钱存起来的习惯，他们觉得要把钱存起来最好，这或许与现在社会的保障制度不完善也有一定的关系，因为怕出个什么事情没有保障。诚然，储蓄或把钱放银行基本上是 99.9% 的安全，但是随着时间的推移，银行的利息是永远赶不上物价上涨的速度的。相对而言，如果将这些钱来投资，你将会有比这大得多的收益。

投资和储蓄的收益能差多少呢？比如，你手里有一张足够大的白纸，一张纸厚度只有 0.1 毫米，现在，你把它折叠 51 次，那么它的厚度将达到 2.25 亿千米，是地球和太阳之间的距离 1.5 亿千米的 1.5 倍。但如果仅仅是将 51 张白纸各折叠一次后放在一起，其高度只不过是 10.2 毫米而已。前者恰如投资，后者则如同储蓄。

说到这里，你知道如何才能快速变成有钱人了吗？不错的，最好的方式就是投资。一度登上世界首富宝座的投资大师巴菲特就是这样成功的。在小时候，巴菲特就随身携带着最珍贵的财产——自动换币器。从 6 岁起，他开始梦想赚钱，并且把自己的收入积攒起来。当他看到一美元时，他知道通过投资最终会成为 10 美元。而 10 岁时，父亲提出带他旅行，他要求去纽约证券交易所。不久，巴菲特读了一本名为《赚 1000 美元的 1000 招》的书，他对朋友说要在 35 岁前成为百万富翁。在当时的世界经济大萧条中，一个孩子敢说出这样的话，显得既大胆又傻里傻气。但是，他很肯定自己能够实现这一梦想。

当然，他确实做到，并且还不止这些。大学毕业后，巴菲特被哈佛商学院拒绝，于是他来到哥伦比亚大学，来到《聪明的投资人》一书的作者、价值投资之父本杰明·格林厄姆的门下。巴菲特从格林厄姆那里明白了投资的秘诀，他"眼前豁然开朗，就像一位一生都住在洞穴中的原始人，突然间走出了洞穴，第一次见到阳光一样"。于是，凭借自己聪明的头脑，以投资作为手段，在 60 多年后，巴菲特先生成了世界上最富有的人。投资就像滚雪球，假如你在 1956 年，也就是巴菲特刚刚开始管理投资时，给他一个 1 万美元，这只是一个小小的小雪球而已，巴菲特现在会把它变成一个 3 亿美元的超级巨大的大雪球。也许你没有想到，这个超级大雪球只有 50 层，平均每一层只比上一层增厚 24.2%。

香港《文汇报》曾有这样一篇报道：香港社会老龄化趋势日益严重，但百万富翁阶层却反而出现"年轻化"趋势。根据花旗银行披露，"80后"的百万富翁占全香港百万富翁总人数4%，以港府公布香港有99万"80后"计，即是每50个"80后"就有一个百万富翁。花旗银行经调查还显示，21～29岁的百万富翁占比为4%，这些人都是"80后"成员，这批人年纪轻轻就晋身百万富翁行列，其中有不少从事IT等高端行业，也有一些人是因"父母有钱"，年纪轻轻已跻身富翁行列，但多数则是靠投资致富。

投资如此赚钱，难怪也引得众多明星"竞折腰"。喜欢"无厘头"的周星驰，除了"喜剧之王"的头衔，还有一个"铺王"的头衔，他向来不炒股、只爱买楼投资，自从1990年开始成为炒楼一族，现在他手持约值15亿元的3大投资项目，号称明星中的"楼王之王"！而任达华更是拥有20多年房地产投资经验，他的房地产遍布世界各地。不仅如此，他还总结了自己的投资绝招：买房永远只买城市中心的。任达华在世界购置的20多处房产，几乎都是核心城市的中心地段。

总而言之，投资能让人成功，而成功的人更希望靠投资来为自己赢得更大的收益。

## 逆向思考，"不正常的人"才能成功

在抗日战争时期，有一次敌人包围了一个村庄，控制住了村子通向外界的唯一通道——一个小桥，不让村里的任何人出去。正巧村里有一个重要的情报需要报告给在村外的八路军。但是在敌人看守如此严密的情况下，怎样才能把情报安全送出去呢？村里的一个小八路勇敢地接受了这个任务。趁着夜色，这名战士悄悄隐藏在小桥旁边的芦苇地里，认真地观察小桥上的情况。他发现守关卡的敌人打起了瞌睡，凡是有村外的人来，他总是头也不抬就说，回去，村里不让进。如此几次，小八路有了主意。他钻出了芦苇地，悄悄接近并上了小桥，就在敌人抬头发话之前他突然转身向村里的方向走来，还故意把脚步声弄得挺大。敌人听到后，还是头也不抬地说，回去，村里不让进。结果小八路顺利过关，把情报安全地送了出去。

这个小八路是聪明的，因为他运用了逆向思维成功地闯过了敌人的关卡，把重要情报送到了目的地。所谓逆向思维，就是从一个事情的反面或者另一个角度来思考，许多用普通的逻辑思维无法解决的问题，可以试着换个角度，利用逆向思维来想一下就会得到很多的答案。由此可见，学会并灵活运用逆向思维是多么重要呀！

逆向思考法要求我们一方面要理解、认识、重视逆向思维的价值，不断提高运用逆向思考进行学习和研究的自觉性，一方面要从平常的学习、研究活动中乃至在平常的生活中，主动地运用逆向思考的方法去思考问题，养成习惯，即养成逆向思维的自觉性。

那些善于运用逆向思维的人，在常人眼中往往是不正常的，但这些不正常的人往往比常人更有可能获得成功。20 世纪 60 年代，美国 DDB 广告公司的伯恩巴克为德国福斯的金龟车所做的一系列广告，一直被认为是广告界的创意经典之作，它的创意就是来自逆向思考。

当时，福斯的金龟车已经在美国上市十年了，但一直打不开市场。伯恩巴克仔细研究了这款汽车后，觉得它外型古怪，马力小，档次低，不合美国消费者的口味。在当时，所有的汽车无不在外型美观气派、设备豪华、追求急速快感方面互相竞争，而汽车广告也在这方面大作文章，夸耀自己的车款是多么地优越迷人。

为了在重围中杀出一条血路，伯恩巴克运用逆向思维，决定逆向操作，方法是推出一系列"自曝其短"的金龟车广告，它们以各种自嘲的方式告诉消费者金龟车"长得实在不好看""不再是新奇事物",然后从缺点中带出优点。譬如刊登在《生活》杂志上的广告,主体画面是不久前登陆月球的宇宙飞船,下方写着:"虽然我的外型不美观,却能把人搬运到月球上去。"旁边配以显著的福斯汽车标志。在《想一想小的好处》里,则娓娓诉说金龟车的省油、耐用,"一旦你习惯金龟车的节省,就不再认为小是缺点了"。

当所有的广告都在"老王卖瓜,自卖自夸"时,这种"自曝其短"反而能让人耳目一新,赢得消费者的好感与信赖,觉得它所推销的东西非常"实在"。而实惠和实在正是伯恩巴克想为金龟车塑造的品牌形象,他不仅达到了目的,还让福斯的金龟车大卖。

运用逆向思维,能使你的业绩不凡,更能成就一个人的事业。众所周知,"股神"巴菲特是一个精明的投资者,其精明之处往往在于,在几乎整个华尔街仇恨或者漠视一个好企业的时候,巴菲特却看到了它所具有的潜力所在,并把金钱投向于这家企业。他曾对哥伦比亚大学学生发表演讲说:"我来告诉你怎样发财,把门关上,以免别人听到:如果别人充满贪念,自己就要小心谨慎;假如别人心存恐惧,自己就应贪得无厌"。后来人们将其简化为"贪婪时恐慌,恐慌时贪婪。"

1968 年,巴菲特公司的股票取得了历史上最好的成绩:增长了 59%。但就在同年 5 月,当股市出现一片泡沫时,巴菲特却悄悄隐退。一个月后,股市直下,到 1970 年,大盘下跌了 50%。1970 到 1974 年间,美国股市就像泄了气的气球,美国经济进入"滞胀"阶段。就在这样人心惶惶的时期,巴菲特发现了太多的便宜股票。于是,他大量买进股票,不出所料地,这些股票 10 年内的平均增长率高达 35%。

在 20 世纪 80 年代,当巴菲特购买通用食品和可口可乐公司股票的时候,整个华尔街对此都嗤之以鼻,都觉得这样的交易实在缺乏吸引力。在巴菲特收购了通用食品的股权之后，由于物价的回落引起成本降低和消费增加，该公司的盈余大幅增长。美国一家香烟制造公司菲利普·莫里斯公司于 1985 年收购通用食品公司时，巴菲特的投资足足增长了 3 倍。而自伯克希尔 1988 年至 1989 年购买可口可乐公司股票以来，该公司的股价已经上涨了 4 倍之多。

在新旧世纪交接之际，全世界都为网络热潮而疯狂，只有巴菲特保持着冷静。人们于是对他忽略科技股产生了质疑并公开批评。而巴菲特丝毫不理会外界的声音，沉默地看着网络热潮变成了泡沫，看着从前嘲笑他的人反成了被嘲笑的对象。

这些事例表明，巴菲特能够毫无畏惧地采取购买行动，无论从魄力还是眼光来说，都是高人一筹的，而这一切又都源自于他对逆向思维的成熟、灵活的运用。

培养逆向思维，关键要摆脱习惯思维的定势，将思路改变到与原来相反方向的一种思维方式，也就是"反过来想想"。逆向思维需要别出心裁，做事不扎堆、不盲从，有自己的想法，努力寻找自己的思路，然后在新的思路的指引下作出决定。

逆向思维是积极向上的勤奋者的思维，能见人之所未见，能见人之所不见，从常态中寻出异常，从司空见惯的熟视无睹、习以为常中提出自己的真知灼见。逆向思维迸发出的思想火花可能非常短暂，却能照亮你通往成功的大道。

## 平庸的人社交圈主要是亲戚，成功的人社交圈主要是朋友

提到清初的书画，人们必然会想起著名的"扬州八怪"：郑燮、罗聘、黄慎、李方膺、高翔、金农、李鱓、汪士慎八位画家，他们绘画作品为数之多，流传之广，无可计量。他们作为中国画史上的杰出群体而闻名世界。他们的绘画艺术特点基本一致，都继承了宋、元以来的写意传统，高度发挥了即景写生、即景抒情的创造意境。他们又都擅长书法、文学、印章，因之形成诗、书、画综合艺术的

整体，人称"三绝"，为绘画艺术的发展开辟了新的途径。"扬州八怪"的形成，正是由于他们有共同的爱好、共同的思想、共同的志趣和共同的语言才结合在一起的。由于在他们身上有那么多的"共同"，才能使他们能够得以互相学习、互相借鉴、互相观摩，达到共同提高的效果。而假如他们各自以家庭为中心，整日和亲戚朋友交往，恐怕就不会取得这样的成就了吧。

所以，有人说："平庸的人社交圈主要是亲戚，成功的人社交圈主要是朋友"，虽然我们不能把这话绝对化，但至少是有一定的道理的。多和亲戚交往，这没什么不好，问题是亲戚聚在一起的时候，大多是唠唠家长里短，打打麻将，完全是消磨时间。而对于那些成功的人来说，他们多是善于交朋友的，总是在扩大自己的人脉圈，寻找合适的创业伙伴，为干番事业做准备。不要觉得成功之人的人际交往太功利，功利心人人都有，即使亲戚之间也是互相攀比的，穷亲戚和富亲戚间难相处已经不是什么个别现象。

很多创业者最初的创业主意是在朋友启发下产生，或干脆就是由朋友直接提出的。所以，这些人在创业成功后，都会更加积极地保持与从前的朋友联系，并且广交天下朋友，不断地开拓自己的社交圈子。

时尚蜡烛的领头羊山东金王集团创始人陈索斌的创业主意，来自于一次在朋友家中的闲谈；昆明最大的汽车配件公司老板何新源即使成功之后还保持着和朋友在茶楼酒馆喝茶谈天的爱好，他称其为"头脑风暴"。这样的头脑风暴，使他能够不断地有新思路、新点子，生意越做越大，越做越好。

美国最著名的总统之一林肯说过："财富不是朋友，而朋友是财富。"三国时期的诸葛亮，被人们称作智慧的化身。他运用自己的智慧和谋略，辅佐织席贩履的个体户刘备起家，最终形成了三国鼎立的局面。他为什么有如此广博而深邃的学问呢？当然是他发奋学习的结果，但与他的个人交往也不是没有关系的。他与博陵的崔州平、颖川的石广元、汝南的孟公威和徐元直、司马徽等名士结成好朋友，彼此互相学习，互相鼓励。而这几个人都是当时的名士，都是爱学习、有抱负的青年，诸葛亮从他们身上学到了很多东西。如果诸葛亮平时只闷在家里，往来只有亲戚，还会由一名山野村夫变为一国之相吗？

那些成功的人士，大多喜欢交朋友，是因为朋友给他们带来了不一般的成果。他们会不断激励你，让你看到自己的优点。他们不一定是你的师长，但他们一定会在某些领域具有丰富的经验，能在事业、家庭、人际交往等方面给你提供许多参考建议。这种朋友，会成为你最大的心理支柱。

当我们心事重重、烦恼不已的时候，第一个想要倾诉的对象就是朋友。朋友是很好的倾听者，他们能让你放松，在他们面前，你没有任何心理压力，你总是能发泄出自己的"郁闷"，让你重获平衡的心态。

每个人都有困难和需要，一旦靠自己力量难以解决时，朋友总能最及时、最认真地考虑你的问题，给你最适当的建议。在你面对选择而焦虑、困惑时，不妨找他们聊一聊，或许能帮助你更好地理顺情绪，了解自己，明确方向。

有些朋友能让你接触新观点、新机会，这类朋友对于人生也是必不可少的。他们可谓是你的"大百科全书"。这类朋友的知识广、视野宽、人际脉络多，会帮助你获得许多不同的心理感受，使你成为站得高、看得远的人。

还有的朋友可以称为"帮助型"朋友。在你得意的时候，他们的身影可能并不多见；在你失意的时候，他们却会及时地出现在你面前。他们始终愿意给予你最现实的支持，让你看到希望和机会，帮助你不断地得到积极的心理暗示。

做人要有远见，职场上更应多交朋友。多与他们交往，不但能使自己获得提升和进步，还能够借助他们的关系或资源使自己受益。而这种人所具有的优秀品质，足以帮助你渡过眼前的难关并取得长远的发展。有这样的朋友在你遇到困难的时候拉你一把，就没有过不去的坎。

有些人愿意与朋友接触，与他们在一起可发展自己。还有一种人出于自卑或者盲目自大的心理，不愿与朋友交往。在交往的过程中，他们总是将自我与他人作比较。如果别人的能力比自己的高出很多的话，就会产生一种挫折感，甚至有自卑的心理。他们不明白，远离朋友是一种多么巨大的损失。

成功永远只属于那些朋友资源多的人，如果你想让自己获得成功，那就多和朋友在一起，学习他们看待和处理问题的方式。对于职场人来说，良好的人际关系是成就事业的关键所在。如果没有一个朋友在关键时刻给你指点迷津，难免会走弯路。如果你想成为一名成功人士，那就赶快去结交朋友，扩大自己的朋友圈吧。

## 把自己当成最高意志决定者

三国时期，风流人物辈出，而最具传奇色彩的莫过于诸葛亮了。羽扇纶巾，这是他留给人们最深的印象。那么，诸葛亮为什么每一次出场都手摇羽扇呢？

相传，诸葛亮的妻子是东汉末年大学问家黄承彦的女儿，这个女子虽然非常有才，但长相却很丑，所以人们都称他为黄阿丑。当初诸葛亮听说了黄阿丑的才学，便亲自去提亲。黄氏父女都同意了，诸葛亮临走时，黄姑娘送给了诸葛亮一把羽扇，并说："诸葛先生，你可知道我送你扇子的用意？"诸葛亮说："礼轻情义重。"阿丑说："还有个原因。"诸葛亮不解，便拱手请教。黄姑娘说："诸葛先生，你刚才和家父在畅谈天下大事，提到刘备请你出山，就眉飞色舞，讲到你的胸怀大计。但是，你每次一讲到曹操就眉头深锁，一讲到孙权就忧心于中，这有碍于你成大事，我送你这把扇子另一用途就是给你遮脸的，你要控制好你的情绪，方可成就自己的事业。"从那以后，这把羽扇就一直伴随诸葛亮，当他布阵行兵遇到难题或心里烦躁不安的时候，只要看到羽扇，就会想起阿丑的忠告，审时度势，运筹帷幄，最终辅佐刘备成就了一方霸业。

这个故事真实也好，虚构也罢，自古以来，凡是那些成功人士都具有坚强的意志和成熟的自我控制能力，把自己当成最高意志决定者。

现代人最大的毛病是浮躁，它会使你注意力不集中，容易愤怒，不思进取，自暴自弃，自怨自艾，最后一事无成。用了同样的努力，有人成功了，有人则失败了。他们可能都知道成功的途径，但他们之间有一个主要的不同在于，成功者总是约束自己去做正确的事情，而不成功的人总是容忍让自己的感情占上风。正如有人所说："我常常做错事，但我的预见很少出错。"

要具备自我约束的能力，必须不断地分析自己的行动可能带来的长期后果；同时必须不屈不挠地按照符合自己决心和长期最大利益的决定而行动。要做到自我约束，必须抑制人的感情冲动。人们行动的基础，通常可分为两种：根据感情冲动或根据自我约束。感情冲动地行事，无异于是一种失去控制的危险生活。然而，我们却依旧凭感情冲动行事，实践中经常发生的事是：当一大群人朝着一个方向行走，而你的理智或常识告诉你那是一个错误的方向时，你自我约束的能力就会受到严重的考验。这时也正是你必须运用自我约束的力量、压倒你随大流时那种短暂的舒服感受的时候，要提醒自己：这个大流从长远看并不正确。

一个人如果没有养成自我约束的习惯，代价最高昂的后果就是他会不断成为可怕的承诺陷阱的受害者。"我保证"是语言中最危险的句子之一。避免承诺陷阱的一个重要方法是学会诠释承诺语言。例如"我保证"经常表示"我懒得去核实事实"；"没问题"一般指"这不是我的问题"。这样的结局便是：太多人宁愿花费难以置信的大量精力，去代替那项工作原本所要求花费的精力。我们的世界看起来好像存在着一个被公众广泛接受、但完全无根据的保证：某人在某个地方控制着一切。但是，没有任何人对任何事都能控制住。事实上，我们生活的星球中只有一个可靠的保证，那便是：一个向你保证一切都没有问题的人，是最有问题的人。

做到自我约束，一定要做到控制自己的情绪。情绪变化往往会在我们的生理活动中表现出来。比如，当你听到自己失去了一次很有把握的机会，你的大脑神经就会立刻刺激身体产生大量起兴奋作用的"正肾上腺素"，其结果就是你满脸怒气，坐卧不安，随时准备找人理论理论。

控制自己的情绪，首先要能体察自己的情绪，能够时时提醒自己：我现在的情绪怎么样？例如，当你的朋友约会迟到后，心里感到不悦，你必须立刻察觉自己此时的这种情绪，然后问问自己，为什么生气？是他故意的吗？如果问题无法想通时，可以做些能够排解情绪的事：找人诉苦、听音乐、散步、狠狠地打一场球。总之，你一定有一些排解情绪的方法，只要不是做了会让你后悔的事就可以了。

控制情绪，对一个人的成功有非常大的帮助。一个人如果想有所成就的话，就要有情绪调控的能力。成功者控制自己的情绪，失败者被自己的情绪所控制。所谓成功的人，就是突破心理障碍最多的人，因为每个人或多或少都会有各式各样、大大小小的心理障碍。

在世界上，从来没有完美的个人，成功的人士，他们知道应该把注意力放在哪里。把注意力放在问题的不同方面，常常会得出不同的结果，对人产生不同的情绪。看问题的积极方面，可以产生乐观的情绪；看问题的消极方面，就会产生悲观的情绪。但相当多的人不由自主地会选择悲观，所以，如果你要想获得成功，就必须学会控制自己的注意力，调控自己的情绪，把自己当成最高意志的决定者，这样才能把握成功，把握未来。

# 21 天打造与众不同的你——21 天自训指南

第一天：分析自己，找到自己的缺点和优点。我的长处有哪些？我的弱点在哪里？

第二天：给自己树立一个目标。没有目标的人，很容易成为平庸的人。但是目标既要长远还要切合实际；既要适应时代、社会环境又要符合自身的特点。

第三天：分析实现目标的条件和自己的现状。

第四天：给自己制定一个时间安排表，包括年计划，月计划。任何人的成功都不是一蹴而就的，把它分解成多个阶段性目标，这样执行起来更容易。

第五天：合理安排每一天的时间，制定作息时间表：几点起床，几点吃早饭，几点上班或学习等等。

第六天：检查自己的装束是否得体。比如，什么样的眼镜适合我的脸型？什么颜色的服饰较适合我？等等。可以多参考身边人的意见。

第七天：检查一下是否能够让自己保持微笑的面容。要知道微笑总比板起的面孔更容易拉近距离。

第八天：检查一下能控制自己的情绪吗？如不能，每次爆发之前，都提醒自己不要发火，不要动怒。

第九天：制定你的读书计划（你感兴趣的书籍、专业书籍等）。

第十天：找出能帮助你成就事业的人。

第十一天：给自己树立一个对手。

第十二天：想想自己是否有可以借助的力量。比如你想开一家风味餐厅，是否可以借助加盟这一利器。等等。

第十三天：你会说话吗？说话技巧是一个长期的过程，也许你一时无法掌握，但你可以控制你的语气，努力让自己的说话速度慢一点，和气一点。

第十四天：尝试主动和陌生人说话，锻炼一下自己的勇气、反应速度、口才。

第十五天：检查一下自己的工作，是否能按时完成计划，哪些细节需要注意，效率是否可以更高一点，态度能否更积极一点。

第十六天：检查自己和同事的关系是否和谐。谁对自己有偏见，想出解决的方法。

第十七天：检查一下自己和上级的关系是否融洽。找出上级对自己不满的原因，做出相应的对策。

第十八天：俗话说："好口碑，赢天下。"看看别人是如何评价你的。对待这些评价要保持客观，不要因为别人的非议、诽谤而看低自己，也不要因别人的抬高而飘飘然。看看能够采取哪些措施，在邻里、单位等树立一个好的口碑。

第十九天：仔细想一想，哪些朋友好久没联系了？打个电话或发个短信联系一下。哪些朋友要结婚、过生日了等，提前准备，做个备忘录，以免忘记或到时候手忙脚乱。

第二十天：反省自己，看看自己的计划是否坚持了下来。哪些没有坚持下来，哪些需要改进。总结一下自己在哪方面遇到了困难，原因何在？如何解决？等等。

第二十一天：修改和完善自己的计划。加油，给自己树立信心，朝目标继续努力。